21世纪高等学校计算机规划教材
21st Century University Planned Textbooks of Computer Science

Visual Basic程序设计基础实践教程（第2版）

Foundations for Visual Basic Programming Languages (2nd Edition)

李雁翎 夏龙 李爽 编著

人 民 邮 电 出 版 社
北 京

图书在版编目（CIP）数据

Visual Basic程序设计基础实践教程 / 李雁翎，夏龙，李爽编著. -- 2版. -- 北京 : 人民邮电出版社，2012.1
21世纪高等学校计算机规划教材
ISBN 978-7-115-25930-1

Ⅰ. ①V… Ⅱ. ①李… ②夏… ③李… Ⅲ. ①BASIC语言－程序设计－高等学校－教材 Ⅳ. ①TP312

中国版本图书馆CIP数据核字(2011)第191399号

内 容 提 要

本书是《Visual Basic 程序设计基础教程（第 2 版）》（普通高等教育“十一五”国家级规划教材）一书配套的辅助教材。

全书共分 2 篇：第 1 篇为实验指导篇，根据主教材第 4 章～第 11 章介绍的相关内容，编排了 10 个实验题目，详细讲述了每一个实验的实验目的、实验手段及实验方法；第 2 篇为习题解答篇，是按照主教材各章的习题而编写的习题解答，一题一解。习题便于对主教材相关知识点的理解和检验；综合实验使 Visual Basic 应用程序的功能更加扩展、更加强大。

本书实验内容丰富，综合性强；综合实验对各章节的知识点加以适当扩充，其应用性相对主教材例题有所提升，有利于学生知识的掌握和实践能力的提高；习题内容解答详细，力求针对性强。

本书可作为高等院校非计算机专业 Visual Basic 程序设计课程配套的实验指导用书，也可作为有关技术培训的教材或程序设计初学者的自学用书。

21 世纪高等学校计算机规划教材

Visual Basic 程序设计基础实践教程（第 2 版）

◆ 编　　著　李雁翎　夏　龙　李　爽
　责任编辑　武恩玉

◆ 人民邮电出版社出版发行　　北京市崇文区夕照寺街 14 号
　邮编　100061　　电子邮件　315@ptpress.com.cn
　网址　http://www.ptpress.com.cn
　三河市潮河印业有限公司印刷

◆ 开本：787×1092　1/16
　印张：7.25　　　　2012 年 1 月第 2 版
　字数：186 千字　　2012 年 1 月河北第 1 次印刷

ISBN 978-7-115-25930-1

定价：18.00 元

读者服务热线：(010)67170985　印装质量热线：(010)67129223
反盗版热线：(010)67171154

第2版前言

随着 Visual Basic 的广泛应用，我们对《Visual Basic 程序设计教程》一书进行了修订，现应读者的要求，编写修订了《Visual Basic 程序设计基础实践教程（第2版）》作为其配套用书。

修订后的第2版教材整体上保持了原书的体系，风格基本不变。

（1）删除了部分章节的内容，将15章缩减为11章。

（2）对一些较为难懂的程序增添了程序注释。

（3）简化了部分程序代码，并进行了部分调换。

全书共分2篇，第1篇是实验指导篇，第2篇是习题解答篇。

实验指导是根据主教材第4章～第11章讲述的相关内容，共编排了10个实验题目，详细讲述了每一个实验的实验目的、实验手段及实验方法。

习题解答内容是针对《Visual Basic 程序设计基础教程（第2版）》全书11章的习题，编写的习题解答，一题一解。

本书由李雁翎、夏龙、李爽编写，由李雁翎统筹设计并统稿，东北师范大学软件工程专业08级的部分研究生对本书的内容参与了讨论，并给予了良好的建议。另外在本书的编写过程中，同样得到人民邮电出版社武恩玉编辑的支持，在此表示衷心谢意。

由于编写时间有限，书中难免有错误和不足之处，希望广大读者批评指正。

编　者

2011年6月

前言

《Visual Basic 程序设计教程》（普通高等教育“十一五”国家级规划教材）一书自 2007 年 2 月出版以来，受到了广大读者的欢迎。应读者的要求及建议，作者总结近年的教学实践，并结合从事 Visual Basic 教学的切身体会，编写了这本《Visual Basic 程序设计实践教程》，供广大读者在学习或开发实践中参考使用。

全书共分为 3 篇，第 1 篇是实验指导，第 2 篇是综合实例，第 3 篇是习题解答。

实验指导是根据主教材第 4～15 章介绍的相关内容，编排了 11 个综合实验题目，详细介绍了每一个实验的实验目的、实验手段及实验方法。11 个综合实验题目是根据主教材的内容精心编排、设计的。通过每个综合实验对主教材相关章节的内容加以消化和理解，并对各章节的知识点做了适当的扩充，使实验的应用性、综合性相对主教材例题有所提升，有利于对主教材知识点的掌握和实践能力的提高。11 个综合实验题目分别是：指针式时钟、参赛队对阵表生成器、打印字符图形、交换变量的值、复制文件、选课系统、网页浏览器、射击特训、超市销售管理、MP3 播放器、透明窗体。综合实验都是按照实验目的、实验要求，从窗体的组成、窗体中每个控件的属性，到每个控件的事件代码的顺序，逐项加以介绍，内容完整，易学易操作。

综合实例是根据 Visual Basic 程序的特点而编写的两个大型实例，分别是日志管理和简单绘图程序。综合实例中尽量应用了教材中涉及的所有知识点，有利于提高学生的综合编程能力。

习题解答是针对《Visual Basic 程序设计教程》一书各章的习题而作的解答，一题一解。通过解答对主教材中概念、知识点做详细温习，并注意对程序设计类习题解题的方法和步骤做出详细的讲解，从培养学生创造性思维入手，加强程序设计方法及算法分析的内容比重，增强学生分析问题、解决问题的能力。

本书由李雁翎、夏龙、涂美彩编写，由李雁翎统筹设计并统稿，东北师范大学软件工程专业 06 级的部分同学参与了对本书内容的讨论，并提供了良好的建议，在此表示衷心感谢。

由于编写时间有限，书中难免有错误和不足之处，敬请广大读者批评指正。

编　者

2008 年 1 月

目 录

第 1 篇
实验指导

实验 1　交换变量的值
实验 2　两位数四则运算器
实验 3　英文打字训练
实验 4　打印字符图形
实验 5　文件复制
实验 6　图片浏览器
实验 7　选课系统
实验 8　小球碰砖块游戏
实验 9　MP3 播放器
实验 10　日志管理

实验 1
交换变量的值

实验题目：设计一个“交换变量的值”程序。

该程序有如下控制功能：

交换 m，n 的值，不使用临时变量。

程序的运行结果如图 1-1-1 所示。

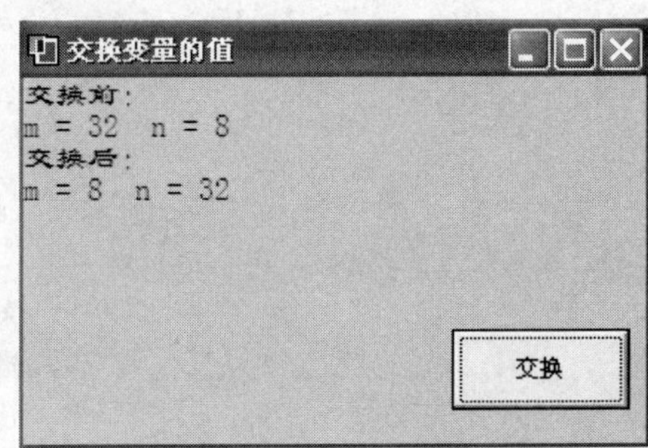

图 1-1-1　交换变量的值

操作步骤如下。

（1）“交换变量的值”窗体及主要控件属性参照表 1-1-1 设计。

表 1-1-1　“交换变量的值”窗体及主要控件的属性

对　象	对 象 名	属 性 名	属 性 值	事 件 名
窗体	Frm	Caption	交换变量的值	无
		Height	3300	
		Width	4815	
命令按钮	CmdSwap	Caption	交换	Timer
		Height	615	
		Width	1335	

（2）打开“代码设计”窗口，输入程序代码。

CmdSwap_Click()事件代码如下：

```
Private Sub CmdSwap_Click()
    Dim m As Integer, n As Integer, t As Integer
    m = 32
    n = 8
    Print "交换前："
```

```
    Print "m = " & m & "  " & "n = " & n
    Call Swap(m, n)
    Print "交换后："
    Print "m = " & m & "  " & "n = " & n
End Sub
```

Swap()过程代码如下：

```
Private Sub Swap(a As Integer, b As Integer)
    a = a Xor b
    b = a Xor b
    a = a Xor b
End Sub
```

（3）保存窗体，运行程序，结果如图 1-1-1 所示。

实验 2
两位数四则运算器

实验题目：设计一个“两位数四则运算器”程序。

该程序有如下控制功能：

（1）随机产生运算式；

（2）自动判断对错；

（3）所做题目均显示在列表中；

（4）自动评分。

程序的运行结果如图 1-2-1 所示。

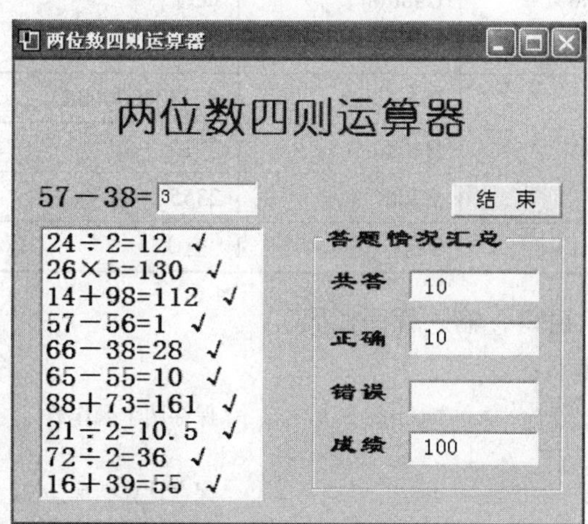

图 1-2-1　两位数四则运算器

操作步骤如下。

（1）“两位数四则运算器”窗体及主要控件属性参照表 1-2-1 设计。

表 1-2-1　　“两位数四则运算器”窗体及主要控件的属性

对　象	对 象 名	属 性 名	属 性 值	事 件 名
窗体	Frm	Caption	两位数四则运算器	Load
		Height	5430	
		Width	6135	
命令按钮	Cmd1	Caption	结束	Click
		Height	375	

续表

对　　象	对 象 名	属 性 名	属 性 值	事 件 名
命令按钮	Cmd1	Width	1170	Click
		Top	1290	
		Left	4620	
标签	Lbl1	Caption	两位数四则运算器	无
		Font	幼圆，粗体，二号字	
		BackStyle	0	
		Height	435	
		Width	3735	
		Top	360	
		Left	1065	
	Lbl2	Caption	（空）	
	Lbl3	Caption	共答	
	Lbl4	Caption	正确	
	Lbl5	Caption	错误	
	Lbl6	Caption	成绩	
框架	Fram1	Caption	答题情况汇总	无
列表框	Lst1	ForeColor	&H80000008&	无
		Height	2910	
		Width	2355	
文本框	Txt1	Text	（空）	Key Press

（2）打开“代码设计”窗口，输入程序代码。

定义窗体变量的代码如下：

```
Dim Num1 As Integer, Num2 As Integer            '保存两个操作数
Dim SExp As String
Dim Result As Single                            '保存计算结果
Dim NOk As Integer, NError As Integer           '保存统计计算正确与错误数
```

Form_Load()事件代码如下：

```
Private Sub Form_Load()
    Dim t As Integer
    Dim NOp As Integer, Op As String * 1        '操作符
    Randomize                                   '初始化随机数生成器
    Num1 = Int(90 * Rnd + 10)                   '随机生成操作数
    Num2 = Int(90 * Rnd + 10)                   '随机生成操作数
    NOp = Int(4 * Rnd + 1)                      '产生 1～4 之间的操作代码
    Select Case NOp
        Case 1
            Op = "+"
            Result = Num1 + Num2
        Case 2
```

```
        Op = "-"
        If Num1 < Num2 Then t = Num1: Num1 = Num2: Num2 = t
        Result = Num1 - Num2
      Case 3
        Op = "×"
        If Num1 > 10 And Num2 > 10 Then Num2 = Num2 \ 10
        Result = Num1 * Num2
      Case 4
        Op = "÷"
        If Num1 < Num2 Then t = Num1: Num1 = Num2: Num2 = t
        If Num2 > 10 Then Num2 = Num2 \ 10
        Result = Num1 / Num2
    End Select
    SExp = Num1 & Op & Num2 & "="
    lbl2 = SExp
End Sub
```

Txt1_KeyPress()事件代码如下：

```
Private Sub Txt1_KeyPress(KeyAscii As Integer)
    If KeyAscii = 13 Then
        If Not IsNumeric(Txt1) Then
            MsgBox "输入必须为数字", vbExclamation, "输入错误"
            Txt1 = ""
            Txt1.SetFocus
        Else
          If Val(Txt1) = Result Then
              Lst1.AddItem SExp & Txt1 & " √"   '计算正确
              NOk = NOk + 1
              Txt3.Text = Str(NOk)
          Else
              Lst1.AddItem SExp & Txt1 & "  ×"  '计算错误
              NError = NError + 1
              Txt4.Text = Str(NError)
          End If
          Txt1 = ""
          Txt2.Text = Str(NOk + NError)
          Txt5.Text = Str(Int(NOk / (NOk + NError) * 100))
          Txt1.SetFocus
          Call Form_Load      '再次调用 Form_load()过程做下一题
        End If
    End If
End Sub
```

Cmd1_Click()事件代码如下：

```
Private Sub Cmd1_Click()
    Unload Me
End Sub
```

（3）保存窗体，运行程序，结果如图 1-2-1 所示。

实验3 英文打字训练

实验题目：设计一个“英文打字训练”程序。

该程序有如下控制功能：

（1）字符随机出现在窗口的顶端，由时钟控件控制下落；

（2）字符下落速度可分3种（快、中、慢）。

程序的运行结果如图1-3-1所示。

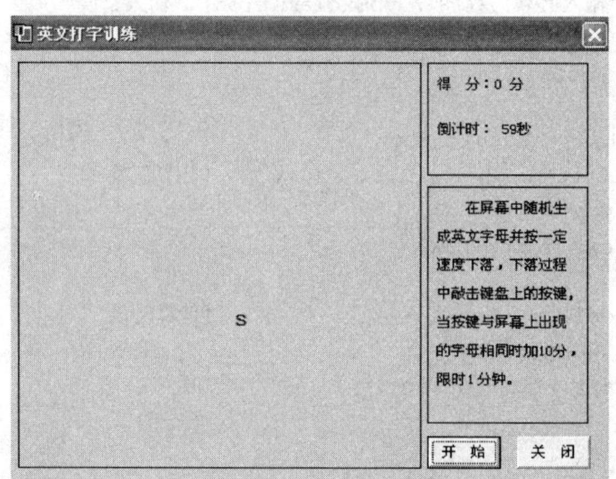

图1-3-1 英文打字训练

操作步骤如下。

（1）“英文打字训练”窗体及主要控件属性参照表1-3-1设计。

表1-3-1 “英文打字训练”窗体及主要控件的属性

对 象	对 象 名	属 性 名	属 性 值	事 件 名
窗体	Frm	Caption	英文打字训练	Load
		Width	7575	
		Height	5895	
		Borderstyle	3	
命令按钮	Cmd1	Caption	开始	Click KeyPress
		Width	915	
		Height	405	
		Left	5220	
		Top	4860	

续表

对　象	对 象 名	属 性 名	属 性 值	事 件 名
命令按钮	Cmd2	Caption	关　闭	Click
		Width	915	
		Height	405	
		Left	6330	
		Top	4860	
标签	Lbl1	Caption	得分：0 分	无
		AutoSize	True	
		Left	5340	
		Top	330	
	Lbl2	Caption	倒计时：60 秒	
		AutoSize	True	
		Left	5340	
		Top	900	
	Lbl3	Caption	在屏幕中随机生成英文字母并按一定速度下落，下落过程中敲击键盘上的按键，当按键与屏幕上出现的字母相同时加 10 分，限时 1 分钟。	
		Width	1695	
时钟	Tmr1	Interval	100	Timer
	Tmr2	Interval	1000	
形状	Shp1	Width	1995	无
		Height	1425	
		Left	5220	
		Top	150	
	Shp1	Width	1995	
		Heigh	2985	
		Left	5220	
		Top	1710	
	Shp1	Width	5055	
		Height	5115	
		Left	90	
		Top	150	

（2）打开“代码设计”窗口，输入程序代码。

定义窗体变量的代码如下：

```
Dim Score As Integer                    '存放得分
Dim Flag As Boolean                     '判断是否需要生成新的字符
Dim Score As Integer                    '存放得分
```

```
Dim Flag As Boolean                                  '判断是否需要生成新的字符
```

Form_Load()事件代码如下：

```
Lbl4.Caption = ""
```

Cmd1_Click()事件代码如下：

```
Private Sub Cmd1_Click()
    If Cmd1.Caption = "开  始" Then                  '开始打字
        Tmr1.Enabled = True
        Tmr2.Enabled = True
        Cmd1.Caption = "暂  停"
    Else                                              '暂停打字
        Cmd1.Caption = "开  始"
        Tmr1.Enabled = False
        Tmr2.Enabled = False
    End If
End Sub
```

Cmd1_KeyPress()事件代码如下：

```
Private Sub Cmd1_KeyPress(KeyAscii As Integer)
    If Chr(KeyAscii) = Lbl4.Caption Then             '判断所按键是否与产生的字母相符
        Score = Score + 10                            '每正确一个加 10 分
        Flag = False
        Call Tmr1_Timer                               '重新生成字母
        Lbl1.Caption = "得  分: " & Str(Score) & "分"
    End If
End Sub
```

Cmd2_Click()事件代码如下：

```
Private Sub Cmd2_Click()
    Unload Me
End Sub
```

Tmr1_Timer()事件代码如下：

```
Private Sub Tmr1_Timer()                              '随机生成字母并控制字母下落
    If Flag = False Then
        Lbl4.Caption = Chr(Int(Rnd * 26) + 97)        '随机字符
        Lbl4.Left = Int(Rnd * Shp3.Width) + Shp3.Left '字符出现的位置
        Lbl4.Top = 200
        Flag = True
    Else
        Lbl4.Top = Lbl4.Top + 200
        If Lbl4.Top > Shp3.Height - 200 Then
            Flag = False
        End If
    End If
End Sub
```

Tmr2_Timer()事件代码如下：

```
Private Sub Tmr2_Timer()                              '倒计时，用尽 1 分钟则结束
    Static i As Integer
    i = i + 1
    Lbl2.Caption = "倒计时: " & Str(60 - i) & "秒"
    If i >= 60 Then
```

```
        If MsgBox("哈哈，1 分钟练习这么快就结束了，是否继续？", vbYesNo + vbQuestion, "
提示") = vbYes Then
            i = 0
            Score = 0
        Else
            Score = 0
            Tmr1.Enabled = False
            Tmr2.Enabled = False
        End If
    End If
End Sub
```

（3）保存窗体，运行程序，结果如图 1-3-1 所示。

实验 4
打印字符图形

实验题目：设计一个“打印字符图形”程序。

该程序有如下控制功能：

（1）可选择打印的形状——菱形或平行四边形；

（2）可选择打印的字符。

程序的运行结果如图 1-4-1 所示。

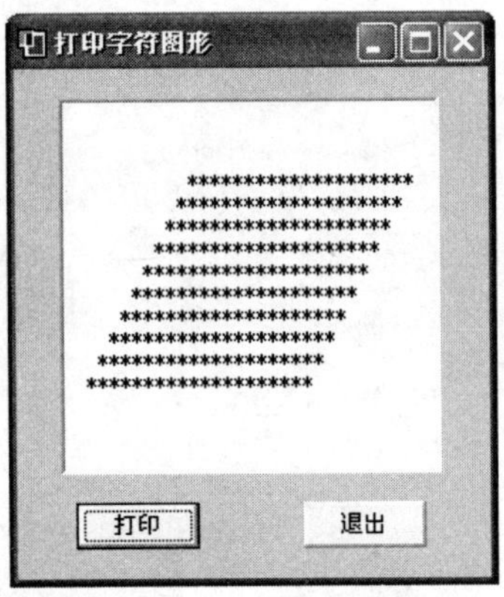

图 1-4-1　打印字符图形

操作步骤如下。

（1）“打印字符图形”窗体及主要控件属性参照表 1-4-1 设计。

表 1-4-1　“打印字符图形”窗体及主要控件的属性

对　象	对 象 名	属 性 名	属 性 值	事 件 名
窗体	Frm	Caption	打印字符图形	无
		Height	4605	
		Width	3885	
图形框	Pic	AutoRedraw	True	无
		Height	3015	
		Width	3015	
命令按钮	CmdPrint	Caption	打印	Click
		Height	2160	
		Width	2160	

续表

对　象	对 象 名	属 性 名	属 性 值	事 件 名
命令按钮	CmdQuit	Caption	退出	Click
		Height	375	
		Width	975	
		Interval	975	

（2）打开“代码设计”窗口，输入程序代码。

CmdPrint_Click()事件代码如下：

```
Private Sub CmdPrint_Click()
    Dim k As Integer, str As String, i As Integer, j As Integer
    Pic.Cls
    k = MsgBox("是否打印菱形，若否，则打印平行四边形", 64 + 3, "提示")
    If k = 2 Then
        Exit Sub
    Else
        str = InputBox("请输入想要打印的字符形状", "输入")
        If k = 6 Then
            For i = 1 To 8
                Pic.Print Tab(17 - i);
                For j = 1 To i * 2
                    Pic.Print str;
                Next j
                Pic.Print
            Next i
            For i = 1 To 8
                Pic.Print Tab(i + 8);
                For j = 1 To 18 - i * 2
                    Pic.Print str;
                Next j
                Pic.Print
            Next i
        End If
        If k = 7 Then
            Pic.Print
            Pic.Print
            Pic.Print
            For i = 1 To 10
                Pic.Print Tab(13 - i);
                For j = 1 To 20
                    Pic.Print str;
                Next j
                Pic.Print
            Next i
        End If
    End If
End Sub
```

CmdQuit_Click()事件代码如下：

```
Private Sub CmdQuit_Click()
    End
End Sub
```

（3）保存窗体，运行程序，结果如图 1-4-1 所示。

实验 5 文件复制

实验题目：设计一个“文件复制”程序。

该程序有如下控制功能：

输入源文件路径、文件名及目标文件路径名，进行文件的复制。

程序的运行结果如图 1-5-1、图 1-5-2 和图 1-5-3 所示。

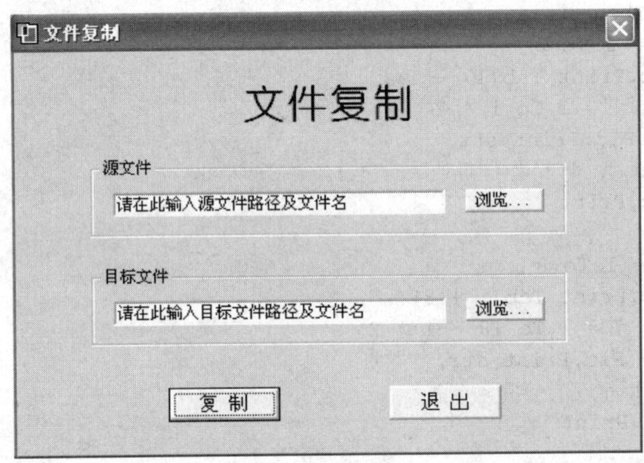

图 1-5-1　文件复制

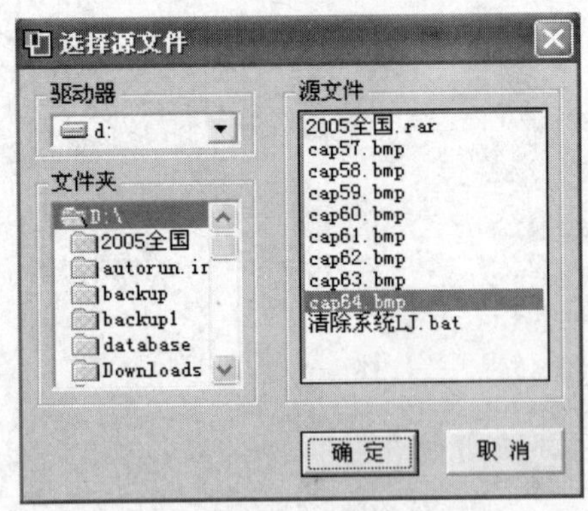

图 1-5-2　选择源文件

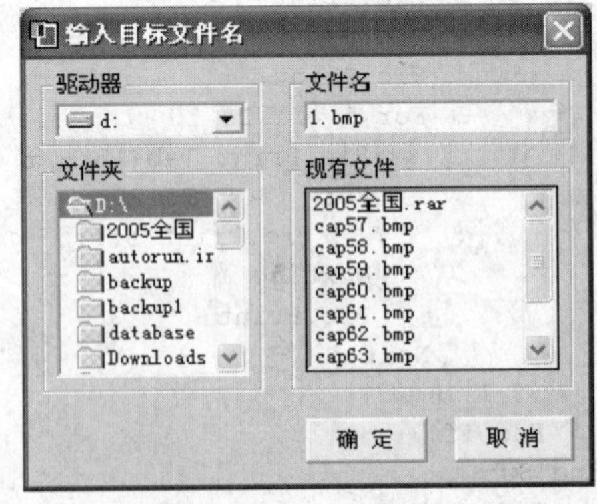

图 1-5-3　输入目标文件名

操作步骤如下。

（1）“文件复制”窗体及主要控件属性参照表 1-5-1 设计。

表 1-5-1 "文件复制"窗体及主要控件的属性

对　象	对 象 名	属 性 名	属 性 值	事 件 名
窗体	FrmMain	Caption	文件复制	Load Click
		Height	4935	
		Width	6885	
框架	FraOrigin	Caption	源文件	无
		Height	855	
		Width	5175	
	FraTarget	Caption	目标文件	
		Height	855	
		Width	5175	
命令按钮	CmdOrigin	Caption	浏览...	Click
		Height	255	
		Width	855	
	Cmd Target	Caption	浏览...	
		Height	255	
		Width	855	
	Cmd Copy	Caption	复制	
		Height	375	
		Width	1215	
	Cmd Quit	Caption	退出	
		Height	375	
		Width	1215	
文本框	TxtOrigin	Text	（空）	Click Lost Focus
	TxtTarget	Text	（空）	
标签	LblNote	Caption	文件复制	无

（2）打开"代码设计"窗口，输入"文件复制"窗体程序代码。

定义窗体变量的代码如下：

```
Option Explicit
Const TextA = "请在此输入源文件路径及文件名"
Const TextB = "请在此输入目标文件路径及文件名"
Public FileNameA As String, FileNameB As String          '源文件名、目标文件名
Public FilePath As String                                '源文件路径
```

CmdOrigin_Click()事件代码如下：

```
Private Sub CmdOrigin_Click()
   FrmOrigin.Show                                        '打开"选择源文件"窗体
End Sub
```

CmdTarget_Click()事件代码如下：

```
Private Sub CmdTarget_Click()
   FrmTarget.Show                                        '打开"输入目标文件名"窗体
End Sub
```

CmdCopy_Click()事件代码如下：

```
Private Sub CmdCopy_Click()
```

```
    '如未输入源文件名，则提示错误
    If FileNameA = "" Then
       MsgBox "请输入源文件名！", 48, "错误"
       Exit Sub
    End If
    '如未输入目标文件名，则提示错误
    If FileNameB = "" Then
       MsgBox "请输入目标文件名！", 48, "错误"
       Exit Sub
    End If
    '如源文件不存在，则提示错误
    If Dir(FileNameA) = "" Then
       MsgBox "源文件不存在！", 48, "错误"
       Exit Sub
    End If
    '如目标文件路径错误，则设置目标文件路径为源文件路径
    If Mid(TxtTarget.Text, 2, 1) <> ":" Then
       If MsgBox("目标文件路径错误。" & vbCrLf & vbCrLf & "文件将复制到 " & FilePath & ",
目标文件名为 " & TxtTarget.Text & "，确定吗？", 36, "提示") = 7 Then Exit Sub
       If Len(FilePath) = 3 Then
          FileNameB = FilePath & TxtTarget.Text
          TxtTarget.Text = FileNameB
       Else
          FileNameB = FilePath & "\" & TxtTarget.Text
          TxtTarget.Text = FileNameB
       End If
    End If
    '如源文件与目标文件重名，则提示错误
    If FileNameA = FileNameB Then
       MsgBox "目标文件与源文件重名，请更改目标文件名！", 48, "错误"
       Exit Sub
    End If
    '如目标文件已存在，则询问是否覆盖
    If Dir(FileNameB) <> "" Then
       If MsgBox("目标文件已存在，要覆盖现有的文件吗？", 36, "提示") = 7 Then Exit Sub
    End If
    FileCopy FileNameA, FileNameB                          '复制文件
    MsgBox "文件复制成功！", 64, "提示"                    '提示复制成功
    FileNameA = ""
    FileNameB = ""
    TxtOrigin.Text = TextA
    TxtTarget.Text = TextB
    CmdQuit.SetFocus
End Sub
```

CmdQuit_Click()事件代码如下：

```
Private Sub CmdQuit_Click()
   End
End Sub
```

Form_Click()事件代码如下：

```
Private Sub Form_Click()
   CmdCopy.SetFocus                                        '使“复制”按钮获得焦点
```

```
End Sub
```

Form_Load()事件代码如下：

```
Private Sub Form_Load()
    FileNameA = ""
    FileNameB = ""
    FilePath = ""
    TxtOrigin.Text = TextA
    TxtTarget.Text = TextB
End Sub
```

TxtOrigin_Click()事件代码如下：

```
Private Sub TxtOrigin_Click()
    If FileNameA = "" Then TxtOrigin.Text = ""          '清除文本框内的提示信息
End Sub
```

TxtOrigin_LostFocus()事件代码如下：

```
Private Sub TxtOrigin_LostFocus()
    FileNameA = TxtOrigin.Text                          '设置源文件名
    If TxtOrigin.Text = "" Then TxtOrigin.Text = TextA
          '如文件名未输入，则显示提示信息
End Sub
```

TxtTarget_Click()事件代码如下：

```
Private Sub TxtTarget_Click()
    If FileNameB = "" Then TxtTarget.Text = ""          '清除文本框内的提示信息
End Sub
```

TxtTarget_LostFocus()事件代码如下：

```
Private Sub TxtTarget_LostFocus()
    FileNameB = TxtTarget.Text                          '设置目标文件名
    If TxtTarget.Text = "" Then TxtTarget.Text = TextB
        '如文件名未输入，则显示提示信息
End Sub
```

（3）“选择源文件”窗体及主要控件属性参照表 1-5-2 设计。

表 1-5-2　“选择源文件”窗体及主要控件的属性

对　象	对 象 名	属 性 名	属 性 值	事 件 名
窗体	FrmOrigin	Caption	选择源文件	Load
		Height	4020	
		Width	4665	
框架	FraDrv	Caption	驱动器	无
		Height	615	
		Width	1815	
	FraDir	Caption	文件夹	
		Height	1935	
		Width	1815	
	FraFile	Caption	源文件	
		Height	2655	
		Width	2295	
命令按钮	CmdOK	Caption	确 定	Click
		Height	375	
		Width	975	

续表

对　　象	对 象 名	属 性 名	属 性 值	事 件 名
命令按钮	CmdCancel	Caption	取 消	Click
		Height	375	
		Width	975	
驱动器下拉列表框	DrvOrigin	Top	240	Change
文件夹列表框	DirOrigin	Top	240	Change
源文件列表框	FilOrigin	Top	240	Click，Dblclick

（4）打开“代码设计”窗口，输入“选择源文件”窗体程序代码。

CmdOK_Click()事件代码如下：

```
Private Sub CmdOK_Click()
    '如未选择文件，则提示错误
    If FilOrigin.FileName = "" Then
        MsgBox "请选择一个文件！", 48, "错误"
        Exit Sub
    End If
    '设置源文件路径
    FrmMain.FilePath = FilOrigin.Path
        '设置源文件名
    If Len(FrmMain.FilePath) = 3 Then
        FrmMain.FileNameA = FilOrigin.Path & FilOrigin.FileName
    Else
        FrmMain.FileNameA = FilOrigin.Path & "\" & FilOrigin.FileName
    End If
    FrmMain.TxtOrigin.Text = FrmMain.FileNameA
    FrmMain.CmdCopy.SetFocus
    Unload Me
End Sub
```

CmdCancel_Click()事件代码如下：

```
Private Sub CmdCancel_Click()
    FrmMain.CmdCopy.SetFocus                    '使“复制”按钮获得焦点
    Unload Me
End Sub
```

DirOrigin_Change()事件代码如下：

```
Private Sub DirOrigin_Change()
    FilOrigin.Path = DirOrigin.Path             '设置“文件夹”列表框的文件路径
End Sub
```

DrvOrigin_Change()事件代码如下：

```
Private Sub DrvOrigin_Change()
    DirOrigin.Path = DrvOrigin.Drive            '设置“驱动器”下拉列表框的驱动器
End Sub
```

FilOrigin_Click()事件代码如下：

```
Private Sub FilOrigin_Click()
    CmdOk.SetFocus                              '使“确定”按钮获得焦点
End Sub
```

FilOrigin_DblClick()事件代码如下：

```
Private Sub FilOrigin_DblClick()
```

```
    '设置源文件路径
    FrmMain.FilePath = FilOrigin.Path
    '设置源文件名
    If Len(FrmMain.FilePath) = 3 Then
       FrmMain.FileNameA = FilOrigin.Path & FilOrigin.FileName
    Else
       FrmMain.FileNameA = FilOrigin.Path & "\" & FilOrigin.FileName
    End If
    FrmMain.TxtOrigin.Text = FrmMain.FileNameA
    FrmMain.CmdCopy.SetFocus
    Unload Me
End Sub
```

Form_Load()事件代码如下：

```
Private Sub Form_Load()
    '如源文件路径为空，则设置文件列表框文件路径为当前路径，否则设置文件列表框文件路径为源文件路径
    If FrmMain.FilePath = "" Then
       DrvOrigin.Drive = App.Path
       DirOrigin.Path = App.Path
       FilOrigin.Path = App.Path
    Else
       DrvOrigin.Drive = FrmMain.FilePath
       DirOrigin.Path = FrmMain.FilePath
       FilOrigin.Path = FrmMain.FilePath
    End If
End Sub
```

（5）"输入目标文件名"窗体及主要控件属性参照表 1-5-3 设计。

表 1-5-3 "输入目标文件名"窗体及主要控件的属性

对 象	对 象 名	属 性 名	属 性 值	事 件 名
窗体	FrmTarget	Caption	输入目标文件名	Load，Click
		Height	4020	
		Width	4665	
框架	FraDrv	Caption	驱动器	无
		Height	615	
		Width	1815	
	FraDir	Caption	文件夹	
		Height	1935	
		Width	1815	
	FraFileName	Caption	文件名	
		Height	615	
		Width	2295	
	FraFile	Caption	现有文件	
		Height	1935	
		Width	2295	
命令按钮	CmdOK	Caption	确定	Click
		Height	375	
		Width	975	

续表

对　象	对 象 名	属 性 名	属 性 值	事 件 名
命令按钮	CmdCancel	Caption	取 消	Click
		Height	375	
		Width	975	
驱动器下拉列表框	DrvTarget	Top	240	Change
文件夹列表框	DirTarget	Top	240	Change
文件名文本框	TxtFile	Text		无
现有文件列表框	FilTarget	Top	240	Click，Dblclick

（6）打开“代码设计”窗口，输入“输入目标文件名”窗体程序代码。

CmdOK_Click()事件代码如下：

```
Private Sub CmdOK_Click()
    '如未输入目标文件名，则提示错误
    If TxtFile.Text = "" Then
        MsgBox "请输入目标文件名！", 48, "错误"
        Exit Sub
    End If
    '设置目标文件名
    If Len(FilTarget.Path) = 3 Then
        FrmMain.FileNameB = FilTarget.Path & TxtFile.Text
    Else
        FrmMain.FileNameB = FilTarget.Path & "\" & TxtFile.Text
    End If
    FrmMain.TxtTarget.Text = FrmMain.FileNameB
    FrmMain.CmdCopy.SetFocus
    Unload Me
End Sub
```

CmdCancel_Click()事件代码如下：

```
Private Sub CmdCancel_Click()
    FrmMain.CmdCopy.SetFocus                    '使“复制”按钮获得焦点
    Unload Me
End Sub
```

DirTarget_Change()事件代码如下：

```
Private Sub DirTarget_Change()
    FilTarget.Path = DirTarget.Path             '设置“文件夹”列表框的文件路径
End Sub
```

DrvTarget_Change()事件代码如下：

```
Private Sub DrvTarget_Change()
    DirTarget.Path = DrvTarget.Drive            '设置“驱动器”下拉列表框的驱动器
End Sub
```

FilTarget_Click()事件代码如下：

```
Private Sub FilTarget_Click()
    TxtFile.Text = FilTarget.FileName           '在“文件名”文本框内显示选中的文件名
    CmdOk.SetFocus                              '使“确定”按钮获得焦点
End Sub
```

FilTarget_DblClick()事件代码如下：

```
Private Sub FilTarget_DblClick()
    '设置目标文件名
    If Len(FilTarget.Path) = 3 Then
        FrmMain.FileNameB = FilTarget.Path & TxtFile.Text
    Else
        FrmMain.FileNameB = FilTarget.Path & "\" & TxtFile.Text
    End If
    FrmMain.TxtTarget.Text = FrmMain.FileNameB
    FrmMain.CmdCopy.SetFocus
    Unload Me
End Sub
```

Form_Click()事件代码如下：

```
Private Sub Form_Click()
    CmdOk.SetFocus
End Sub
```

Form_Load()事件代码如下：

```
Private Sub Form_Load()
    '如源文件名为空，则设置文件列表框文件路径为当前路径，否则设置文件列表框文件路径为源文件路径，并
且在文本框内显示源文件名
    If FrmMain.FileNameA = "" Then
        TxtFile.Text = ""
        DrvTarget.Drive = App.Path
        DirTarget.Path = App.Path
        FilTarget.Path = App.Path
    Else
        DrvTarget.Drive = FrmMain.FilePath
        DirTarget.Path = FrmMain.FilePath
        FilTarget.Path = FrmMain.FilePath
        If Len(FilTarget.Path) = 3 Then
            TxtFile.Text = Mid(FrmMain.FileNameA, Len(FrmMain.FilePath)
 + 1, Len(FrmMain.FileNameA) - Len(FrmMain.FilePath))
        Else
         TxtFile.Text = Mid(FrmMain.FileNameA, Len(FrmMain.FilePath) + 2,
Len(FrmMain.FileNameA) - Len(FrmMain.FilePath) - 1)
        End If
        TxtFile.SelStart = 0
        TxtFile.SelLength = Len(TxtFile.Text) - 4
    End If
End Sub
```

（7）保存窗体，运行程序，结果如图 1-5-1、图 1-5-2、图 1-5-3 所示。

实验 6 图片浏览器

实验题目：设计一个“图片浏览器”程序。

该程序有如下控制功能：

（1）用列表框显示欲显示的图片文件；

（2）可以单个图片逐一显示；

（3）可以自动连续以幻灯片放映方式显示全部图片。

程序的运行结果如图 1-6-1 和图 1-6-2 所示。

图 1-6-1　浏览图片

图 1-6-2　放映图片

操作步骤如下。

（1）“图片浏览器”窗体及主要控件属性参照表 1-6-1 设计。

表 1-6-1 “图片浏览器”窗体及主要控件的属性

对　象	对 象 名	属 性 名	属 性 值	事 件 名
窗体	Frm1	Caption	图片浏览器	Load
		Width	6180	
		Height	4665	
列表框	Lst1	Left	3810	Click
		Top	120	
命令按钮	Cmd1	Caption	上一张	Click
	Cmd2	Caption	下一张	
	Cmd3	Caption	幻灯放映	
	Cmd4	Caption	退出	
框架	Frm1	Left	30	无
		Top	30	
图像框	Img1	Left	30	Click
		Top	120	
时钟	Tmr1	Interval	200	Timer

（2）打开“代码设计”窗口，输入程序代码。

定义窗体变量的代码如下：

```
Dim h As Boolean
```

Form_Load()事件代码如下：

```
Private Sub Form_Load()
 Lst1.AddItem "T1.jpg"
 Lst1.AddItem "T2.jpg"
 Lst1.AddItem "T3.jpg"
 Lst1.AddItem "T4.jpg"
 Lst1.AddItem "T5.jpg"
 Lst1.AddItem "T6.jpg"
 Lst1.AddItem "T7.jpg"
 Lst1.AddItem "T8.jpg"
 Lst1.AddItem "T9.jpg"
 Img1.Stretch = True
End Sub
```

Cmd1_Click()事件代码如下：

```
Private Sub Cmd1_Click() '上一张
   If Lst1.ListCount < 1 Then Exit Sub
   If Lst1.ListIndex > 0 Then
      Lst1.ListIndex = Lst1.ListIndex - 1
   Else
      Lst1.ListIndex = Lst1.ListCount - 1
End If
Img1.Picture = LoadPicture(App.Path & "\picture\" & Lst1.List(Lst1.ListIndex))
End Sub
```

Cmd2_Click()事件代码如下：

```
Private Sub Cmd2_Click() '下一张
    If Lst1.ListCount < 1 Then Exit Sub
    If Lst1.ListIndex < Lst1.ListCount - 1 Then
       Lst1.ListIndex = Lst1.ListIndex + 1
    Else
       Lst1.ListIndex = 0
    End If
    Img1.Picture = LoadPicture(App.Path & "\picture\" & Lst1.List(Lst1.ListIndex))
End Sub
```

Cmd3_Click()事件代码如下：

```
Private Sub Cmd3_Click() '幻灯片放映
    Me.Width = Screen.Width
    Me.Height = Screen.Height
    Me.Top = 0
    Me.Left = 0
    Frm1.Width = Me.ScaleWidth - 100
    Frm1.Height = Me.ScaleHeight - 100
    Frm1.Top = 0
    Frm1.Left = 0
    Tmr1.Enabled = True
    Me.BackColor = QBColor(0)
    Fram1.BackColor = QBColor(0)
    Cmd1.Visible = False
    Cmd2.Visible = False
    Cmd3.Visible = False
    Cmd4.Visible = False
    Lst1.Visible = False
    h = True
    Img1.Stretch = False
End Sub
```

Cmd4_Click()事件代码如下：

```
Private Sub Cmd4_Click()
    Unload Me
End Sub
```

Img1_Click()事件代码如下：

```
Private Sub Img1_Click()
    If h = True Then  '如果已经是幻灯片放映方式，则恢复到原始状态
       Me.Width = 6210
       Me.Height = 4695
       Me.BackColor = &H8000000F
       Frm1.BackColor = &H8000000F
       Cmd1.Visible = True
       Cmd2.Visible = True
       Cmd3.Visible = True
       Cmd4.Visible = True
       Lst1.Visible = True
       Frm1.Top = 30
       Frm1.Left = 30
       Frm1.Width = 3735
       Frm1.Height = 3225
       Img1.Width = 3615
       Img1.Height = 3045
```

```
        Img1.Stretch = True
        Img1.Left = 30
        Img1.Top = 120
        h = False
        Tmr1.Enabled = False
    End If
End Sub
```

Lst1_Click()事件代码如下：

```
Private Sub Lst1_Click()
    Img1.Picture = LoadPicture(App.Path & "\picture\" & Lst1.List(Lst1.ListIndex))
End Sub
```

Tmr1_Timer()事件代码如下：

```
Private Sub Tmr1_Timer() '循环放映列表中的图片
    Static i As Integer
    Img1.Picture = LoadPicture(App.Path & "\picture\" & Lst1.List(i))
    Img1.Top = (Frm1.Height - Img1.Height) / 2
    Img1.Left = (Frm1.Width - Img1.Width) / 2
    i = i + 1
    If i > Lst1.ListCount - 1 Then i = 0
End Sub
```

（3）保存窗体，运行程序，结果如图 1-6-1、图 1-6- 2 所示。

实验7 选课系统

实验题目：设计一个“选课系统”程序。

该程序有如下控制功能：

可以在不同的专业、不同的课程类别，对选修课和专业教育课进行选择。

程序的运行结果如图1-7-1所示。

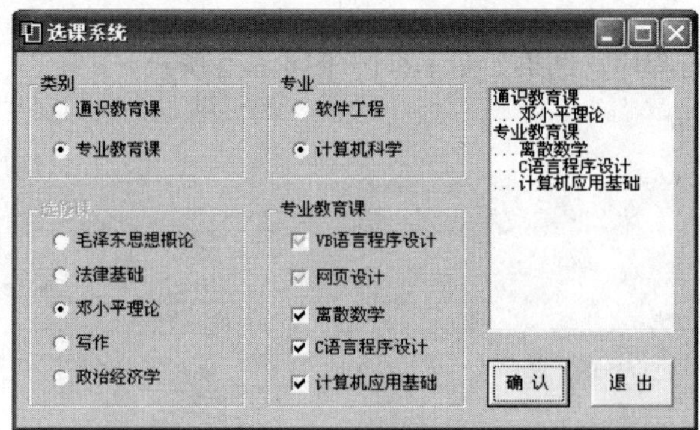

图1-7-1 选课系统

操作步骤如下。

（1）“选课系统”窗体及主要控件属性参照表1-7-1设计。

表1-7-1 “选课系统”窗体及主要控件的属性

对 象	对 象 名	属 性 名	属 性 值	事 件 名
窗体	Frm	Caption	选课系统	Load
		Height	4455	
		Width	7185	
列表框	Lst	BackColor	&H80000005&	无
		Height	2580	
		Width	1935	
		Sorted	False	
框架	FraClass	Caption	类别	无
		Height	1095	
		Width	2295	
	FraDepartment	Caption	专业	
		Height	1095	
		Width	2205	

续表

对　象	对 象 名	属 性 名	属 性 值	事 件 名
框架	FraUsual	Caption	选修课	无
		Height	2175	
		Width	2295	
	FraSpecial	Caption	专业教育课	
		Height	2175	
		Width	2055	
命令按钮	CmdOk	Caption	确 认	Click
		Height	495	
		Width	855	
	CmdOut	Caption	退 出	
		Height	495	
		Width	855	
单选按钮	OptComputer	Caption	计算机科学	Click
	OptSoft	Caption	软件工程	
	OptSpecial	Caption	专业教育课	
	OptUsual	Caption	通识教育课	

（2）打开“代码设计”窗口，输入程序代码。

CmdOk_Click()事件代码如下：

```
Private Sub CmdOk_Click()                         '信息确认
Dim i As Integer, j As Integer
    For i = 0 To 4
        If CheLesson(i).Value = 0 Then            '信息错误提示
          MsgBox "专业课为本期必修课，需将专业内课程选全！", 64, "提示"
            Exit Sub
        End If
    Next i
    Lst.AddItem OptUsual.Caption                  '在列表框中填加信息
    For j = 0 To 4
        If OptLesson(j).Value = True Then
            Lst.AddItem "..." & OptLesson(j).Caption
        End If
    Next j
    Lst.AddItem OptSpecial.Caption
    If OptSoft(0).Value = True Then
        For j = 0 To 3
            Lst.AddItem "..." & CheLesson(j).Caption
        Next j
    Else
        For j = 2 To 4
            Lst.AddItem "..." & CheLesson(j).Caption
        Next j
    End If
End Sub
```

CmdOut_Click()事件代码如下：

```
Private Sub CmdOut_Click()
    If Lst.ListCount <> 0 Then
      MsgBox "请留意近期将推出的课程安排，在规定时间上课！", 64, "提示"
        Unload Me
    Else
        Unload Me
    End If
End Sub
```

Form_Load()事件代码如下：

```
Private Sub Form_Load()
    FraSpecial.Enabled = False
    FraDepartment.Enabled = False
    FraUsual.Enabled = False
End Sub
```

OptComputer_Click()事件代码如下：

```
Private Sub OptComputer_Click(Index As Integer)        '选择计算机科学专业
    CheLesson(4).Value = 0                              '非该专业所学课程皆不可选
    CheLesson(0).Value = 2
    CheLesson(1).Value = 2
    FraSpecial.Enabled = True
End Sub
```

OptSoft_Click()事件代码如下：

```
Private Sub OptSoft_Click(Index As Integer)             '选择软件工程专业
    CheLesson(4).Value = 2                              '非该专业所学课程不可选
    CheLesson(0).Value = 0
    CheLesson(1).Value = 0
    FraSpecial.Enabled = True
End Sub
```

OptSpecial_Click()事件代码如下：

```
Private Sub OptSpecial_Click()                          '选择专业教育课
    FraDepartment.Enabled = True                        '专业教育课可选
    FraUsual.Enabled = False
End Sub
```

OptUsual_Click()事件代码如下：

```
Private Sub OptUsual_Click()                            '选择通识教育课
    FraSpecial.Enabled = False                          '专业教育课不可选
    FraDepartment.Enabled = False
    FraUsual.Enabled = True
End Sub
```

(3) 保存窗体，运行程序，结果如图 1-7-1 所示。

实验 8 小球碰砖块游戏

实验题目：设计一个“小球碰砖游戏”程序。

该程序有如下控制功能：

（1）利用控件数组生成规则排列的砖块；

（2）小球、挡板由形状控件产生，小球下落碰到挡板、窗体左右两侧均自动弹起；

（3）小球下落于挡板水平高度以下时则失败；

（4）小球每击碎一块砖则获得加分。

程序的运行结果如图 1-8-1 所示。

图 1-8-1　小球碰砖块游戏

操作步骤如下。

（1）“小球碰砖块游戏”窗体及主要控件属性参照表 1-8-1 设计。

表 1-8-1　“小球碰砖块游戏”窗体及主要控件的属性

对　象	对 象 名	属 性 名	属 性 值	事 件 名
窗体	Frm1	Caption	小球碰砖块游戏	Load KeyDown
		Height	5805	
		Width	6630	
标签	Lbl1	Caption	得分：	无
		Font	隶书，粗体，小三号字	

续表

<table>
<tr><th>对　　象</th><th>对 象 名</th><th>属 性 名</th><th>属 性 值</th><th>事 件 名</th></tr>
<tr><td rowspan="10">形状</td><td rowspan="4">Shp1(0)</td><td>Height</td><td>315</td><td rowspan="4">无</td></tr>
<tr><td>Width</td><td>945</td></tr>
<tr><td>BackStyle</td><td>1</td></tr>
<tr><td>Index</td><td>0</td></tr>
<tr><td colspan="4">Shp1(1)，Shp1(2)，Shp1(3)，Shp1(4)，Shp1(5)，Shp1(8)，Shp1(9)，Shp1(10)，Shp1(11)，Shp1(12)，Shp1(13)，Shp1(14)，Shp1(15)，Shp1(16)，Shp1(17)，Shp1(18)，Shp1(19)Index 属性分别为 1、2、3、4、5、8、9、10、11、12、14、15、16、17、18、19，Height、Width、BackStyle、BackColor 属性与 Shp1(0)相同，Top 和 Left 属性有差异</td></tr>
<tr><td rowspan="3">Shp1(6)</td><td>Height</td><td>420</td><td rowspan="3">Shp1(20)与Shp1(6)相近</td></tr>
<tr><td>Width</td><td>945</td></tr>
<tr><td>Index</td><td>6</td></tr>
<tr><td rowspan="2">Shp1(7)</td><td>Width</td><td>495</td><td rowspan="2">无</td></tr>
<tr><td>Index</td><td>7</td></tr>
<tr><td>时钟</td><td>Tmr1</td><td>Enable</td><td>True</td><td>Timer</td></tr>
</table>

（2）打开“代码设计”窗口，输入程序代码。

定义窗体变量的代码如下：

```
Dim ValLeft As Integer, ValTop As Integer
Dim First As Boolean                          '判断是否为第一次开球
Dim Score As Integer                          '存放得分
```

Form_Load()事件代码如下：

```
Private Sub Form_Load()
    Tmr1.Enabled = False
    Shp3.Left = 3000
    Shp3.Top = 3600
    Shp2.Left = 2500
    Shp2.Top = 3960
    ValLeft = 50
    ValTop = -50
    First = False
    For i = 0 To 20
        Shp1(i).Tag = 0
        Shp1(i).Visible = True
    Next i
End Sub
```

Form_KeyDown()事件代码如下：

```
Private Sub Form_KeyDown(KeyCode As Integer, Shift As Integer)
    If KeyCode = 39 Then
        If Shp2.Left < Me.ScaleWidth - Shp2.Width Then
            Shp2.Left = Shp2.Left + 300
        End If
        If First = False Then
            ValLeft = 50
            First = True
        End If
    ElseIf KeyCode = 37 Then
        If Shp2.Left > 0 Then
            Shp2.Left = Shp2.Left - 300
        End If
```

```
        If First = False Then
            ValLeft = -50
            First = True
        End If
    End If
    Tmr1.Enabled = True
End Sub
```

Tmr1_Timer()事件代码如下：

```
Private Sub Tmr1_Timer()
    Dim i As Integer
    Shp3.Left = Shp3.Left + ValLeft
    If Shp3.Left >= Me.ScaleWidth - Shp3.Width Then
        '控制小球走出左右界时 ValLeft 的正负，从而控制小球走的方向
        ValLeft = -50
        ElseIf Shp3.Left < 0 Then
        ValLeft = 50
    End If
    Shp3.Top = Shp3.Top + ValTop
    If Shp3.Top < 150 Then        '当小球击到上界时 ValTop 为正值，使小球下落
        ValTop = 50
    End If
    For i = 0 To 20               '被小球击中的砖消失，ValTop 的值为正，使小球下落
        If Shp3.Top <= Shp1(i).Top + Shp1(1).Height And Shp1(i).Tag <> 1 And (Shp3.Left
> Shp1(i).Left And Shp3.Left + Shp3.Width < Shp1(i).Left + Shp1(i).Width) Then
            Shp1(i).Visible = False
            Score = Score + 10
            LblScore.Caption = "得分：" & CStr(Score)
            If Score = 210 Then
                MsgBox "呵呵，你真的是太伟大了，竟然把所有的砖都打碎了！！！"
                Tmr1.Enabled = False
                Exit For
            End If
            Shp1(i).Tag = 1
            ValTop = 50
        End If
    Next i
    If Shp3.Top > Shp2.Top - Shp3.Height And (Shp3.Left + Shp3.Width < Shp2.Left +
Shp2.Width And Shp3.Left > Shp2.Left) Then
        '当小球落到档板上的时候让 ValTop 为负值，这样小球可以向上走
        ValTop = -50
    ElseIf Shp3.Top > Shp2.Top Then
        If MsgBox("太可惜了没有全部击碎，再来一局如何？", vbYesNo, "惋惜") = vbYes Then
            Score = 0                          '将得分清零重新记分
            Tmr1.Enabled = False
            Call Form_Load
        Else
            Unload Me
        End If
    End If
End Sub
```

（3）保存窗体，运行程序，结果如图 1-8-1 所示。

实验9 MP3播放器

实验题目：设计一个“MP3 播放器”程序。

该程序有如下控制功能：

（1）添加列表、存储列表、添加文件、删除文件的功能；

（2）控制音乐播放的功能。

程序的运行结果如图 1-9-1 所示。

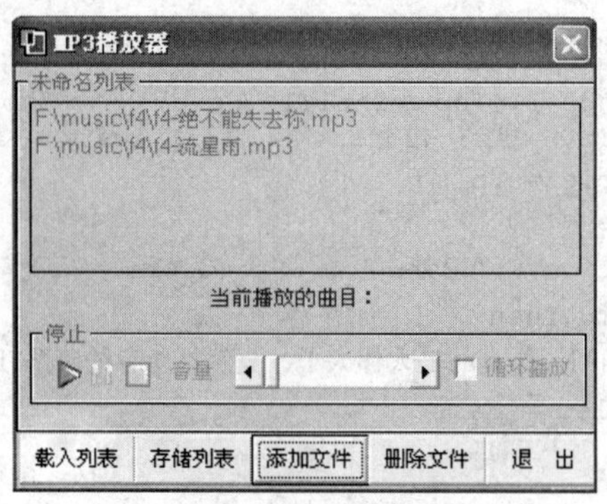

图 1-9-1　MP3 播放器

操作步骤如下。

（1）“MP3 播放器”窗体及主要控件属性参照表 1-9-1 设计。

表 1-9-1　“MP3 播放器”窗体及主要控件的属性

对　象	对 象 名	属 性 名	属 性 值	事 件 名
窗体	Frm	Caption	MP3 播放器	Load
		Height	5010	
		Width	5385	
列表框	LstMp3	BackColor	&H80000005&	DblClick
		Left	120	
		Toop	300	
		Height	1470	
		Width	4680	
复选框	ChkAgain	Caption	循环播放	Click
		Value	0 - Unchecked	

续表

对　象	对 象 名	属 性 名	属 性 值	事 件 名
命令按钮	CmdAdd	Caption	添加文件	Click
	CmdDelete	Caption	删除文件	
	CmdLoad	Caption	载入列表	
	CmdSave	Caption	存储列表	
	CmdQuit	Caption	退　出	
时钟	TmrPlay	Enable	False	Timer
		Interval	100	
滚动条	HsbSound	Min	0	Change
		Max	20	
图像框	ImgPlay(0-2)	Stretch	True	Click Mouse_move
		Index	0－2	
标签	LblRoll	Caption	当前播放的曲目:	无
	LblSound	Caption	音量	

（2）打开“代码设计”窗口，输入程序代码。

定义窗体变量的代码如下：

```
Option Explicit
Dim loop1 As Boolean                    '是否循环播放
Dim play1 As Boolean                    '是否播放
Dim Playposition As Double              '存放播放位置
Dim bPause As Boolean
```

ChkAgain_Click()事件代码如下：

```
Private Sub ChkAgain_Click()
    If ChkAgain.Value = 0 Then
        loop1 = False
    Else
        loop1 = True
    End If
End Sub
```

CmdLoad_Click()事件代码如下：

```
Private Sub CmdLoad_Click()
    Dim Strfilename As String           '存放文件名(列表文件)
    Dim Music As String
    Dlg1.Filter = "列表文件(*.M3G)|*.M3G"
    Dlg1.ShowOpen
    On Error Resume Next
    If Dlg1.FileName <> "" Then
        Strfilename = Dlg1.FileName
        Open Strfilename For Input As #1
        Do While Not EOF(1)
            Line Input #1, Music
            If Music <> "" Then
                LstMp3.AddItem Music
```

```
                '将文件中存放的音乐文件路径添加到 list 中
            End If
        Loop
        FraPlay.Caption = "播放列表" & Dlg1.FileName
        Close #1
    End If
End Sub
```

CmdSave_Click()事件代码如下：

```
Private Sub CmdSave_Click()
    Dim Strname As String
    Dim Strfilename As String
    Dim i As Integer
    If LstMp3.ListCount > 0 Then
        Dlg1.Filter = "列表文件(*.M3G)|*.M3G"
        Dlg1.ShowSave
        On Error Resume Next
        If Dlg1.FileName <> "" Then Strfilename = Dlg1.FileName
        Open Strfilename For Output As #1
        For i = 0 To LstMp3.ListCount - 1
            Print #1, LstMp3.List(i)                '将 list 中的内容写入文件中
        Next
        Close #1
    End If
End Sub
```

CmdAdd_Click()事件代码如下：

```
Private Sub CmdAdd_Click()
    Dlg1.Filter = "MP3 文件|*.mp3"
    Dlg1.ShowOpen
    On Error Resume Next
    If Dlg1.FileName <> "" Then
        LstMp3.AddItem Dlg1.FileName
    End If
End Sub
```

CmdDelete_Click()事件代码如下：

```
Private Sub CmdDelete_Click()
    If LstMp3.Text <> "" Then
        LstMp3.RemoveItem LstMp3.ListIndex
    End If
End Sub
```

CmdQuit_Click()事件代码如下：

```
Private Sub CmdQuit_Click()
    Unload Me
End Sub
```

Form_Load()事件代码如下：

```
Private Sub Form_Load()
    ImgPlay(1).Enabled = False
    ImgPlay(2).Enabled = False
    Me.Height = 4100
    Me.Width = 5000
    LblRoll.Left = Me.Width / 3
End Sub
```

FraTool_MouseMove()事件代码如下：

```
Private Sub FraTool_MouseMove(Button As Integer, Shift As Integer, X As Single, Y As Single)
    Dim i As Integer
    For i = 0 To 2
        ImgPlay(i).MousePointer = 0
    Next i
End Sub
```

HsbSound_Change()事件代码如下：

```
Private Sub HsbSound_Change()
    MusicPlayer.Volume = -HsbSound.Value * 100
End Sub
```

ImgPlay_Click()事件代码如下：

```
Private Sub ImgPlay_Click(Index As Integer)
    Select Case Index
    Case 0
        If LstMp3.ListCount > 0 Then
            If LstMp3.Text <> MusicPlayer.FileName Then
               MusicPlayer.FileName = LstMp3.Text
            End If
            If LstMp3.Text = "" Then
            LstMp3.ListIndex = 0
               MusicPlayer.FileName = LstMp3.Text
            End If
            MusicPlayer.SelectionStart = Playposition
            MusicPlayer.Play
            LblRoll.Caption = "当前播放的曲目：" & MusicPlayer.FileName
            TmrPlay.Enabled = True
        Else
          MsgBox "没有可以播放的歌曲,请先添加曲目!!!", vbOKOnly, "提示"
            Exit Sub
        End If
        ImgPlay(0).Picture = LoadPicture(App.Path & "\pic\play1.gif")
        ImgPlay(1).Picture = LoadPicture(App.Path & "\pic\pause.gif")
        ImgPlay(2).Picture = LoadPicture(App.Path & "\pic\stop.gif")
        FraTool.Caption = "播放"
        ImgPlay(0).Enabled = False
        ImgPlay(1).Enabled = True
        ImgPlay(2).Enabled = True
    Case 1
         ImgPlay(0).Picture = LoadPicture(App.Path & "\pic\play.gif")
         ImgPlay(1).Picture = LoadPicture(App.Path & "\pic\pause1.gif")
         ImgPlay(2).Picture = LoadPicture(App.Path & "\pic\stop.gif")
         MusicPlayer.Pause
         Playposition = MusicPlayer.CurrentPosition    '当前的播放位置
         FraTool.Caption = "暂停"
         TmrPlay.Enabled = False
         ImgPlay(0).Enabled = True
         ImgPlay(1).Enabled = False
         ImgPlay(2).Enabled = True
    Case 2
         ImgPlay(0).Picture = LoadPicture(App.Path & "\pic\play.gif")
         ImgPlay(1).Picture = LoadPicture(App.Path & "\pic\pause.gif")
```

```
        ImgPlay(2).Picture = LoadPicture(App.Path & "\pic\stop1.gif")
        play1 = False
        MusicPlayer.Stop
        Playposition = 0
        TmrPlay.Enabled = False
        LblRoll.Left = Me.Width / 3
        FraTool.Caption = "停止"
        ImgPlay(0).Enabled = True
        ImgPlay(1).Enabled = False
        ImgPlay(2).Enabled = False
    End Select
End Sub
```

ImgPlay_MouseMove()事件代码如下：

```
Private Sub ImgPlay_MouseMove(Index As Integer, Button As Integer, Shift As Integer,
X As Single, Y As Single)
    ImgPlay(Index).MousePointer = 99
    ImgPlay(Index).MouseIcon = LoadPicture(App.Path & "\pic\hand.cur")
End Sub
```

LstMp3_DblClick()事件代码如下：

```
Private Sub LstMp3_DblClick()
    bPause = False
    ImgPlay_Click (0)
End Sub
```

MusicPlayer_PlayStateChange()事件代码如下：

```
Private Sub MusicPlayer_PlayStateChange(ByVal OldState As Long, ByVal NewState As Long)
    If MusicPlayer.PlayState = 0 Then
        If play1 Then
            If loop1 Then '循环播放
                If LstMp3.ListIndex < LstMp3.ListCount - 1 Then
                    LstMp3.ListIndex = LstMp3.ListIndex + 1
                    LstMp3.Refresh
                    MusicPlayer.FileName = LstMp3.List(LstMp3.ListIndex)
                    MusicPlayer.AutoStart = True
                Else
                    LstMp3.ListIndex = 0
                    MusicPlayer.FileName = LstMp3.List(LstMp3.ListIndex)
                    MusicPlayer.AutoStart = True
                End If
            Else
                MusicPlayer.FileName = LstMp3.Text
                MusicPlayer.AutoStart = True
            End If
        End If
    End If
End Sub
```

TmrPlay_Timer()事件代码如下：

```
Private Sub TmrPlay_Timer()
    If LblRoll.Left > -LblRoll.Width Then
        LblRoll.Left = LblRoll.Left - 10
    Else
        LblRoll.Left = Me.Width
    End If
End Sub
```

（3）保存窗体，运行程序，结果如图 1-9-1 所示。

实验10 日志管理

实验题目：设计一个“日志管理”程序。

该程序有如下控制功能：

（1）可以新键、打开、保存、打印日志文件；

（2）可以显示日期、时间；

（3）文件管理；

（4）任务管理；

（5）通讯录管理；

（6）调用 Windows 自带计算器；

（7）具有复制、粘贴、剪切等文本编辑功能。

程序的运行结果如图 1-10-1、图 1-10-2、图 1-10-3、图 1-10-4、图 1-10-5、图 1-10-6、图 1-10-7和图 1-10-8 所示。

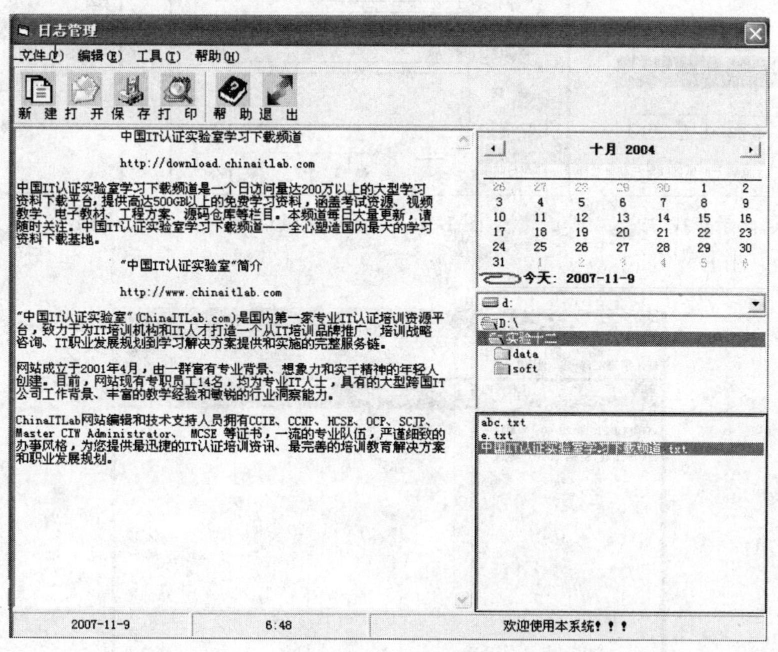

图 1-10-1　日志管理

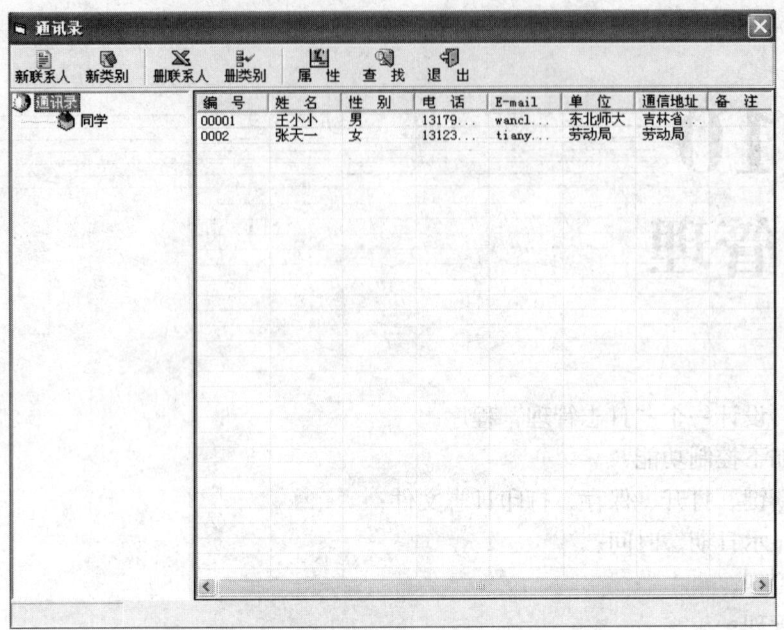

图 1-10-2　通讯录

图 1-10-3　通讯录查找

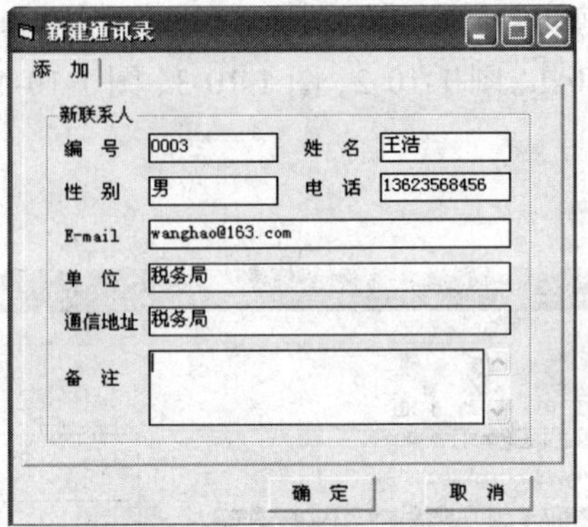

图 1-10-4　新建通讯录

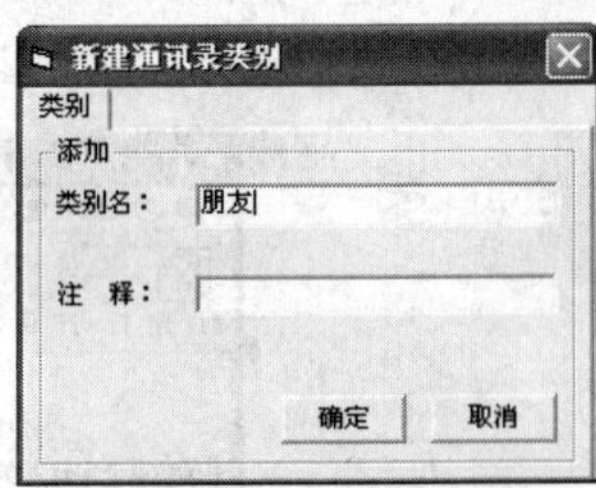

图 1-10-5　新建通讯录类别

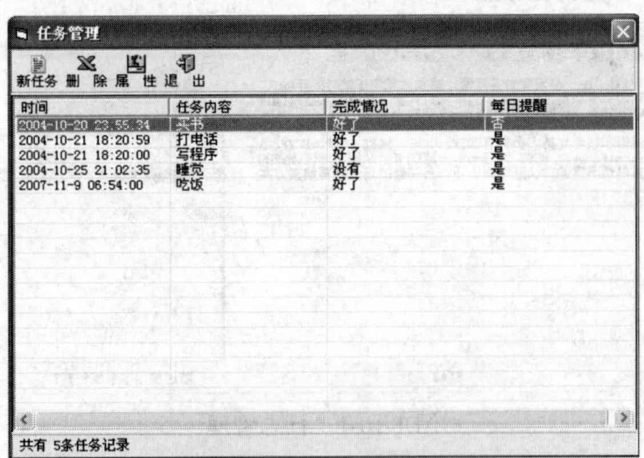

图 1-10-6　任务管理

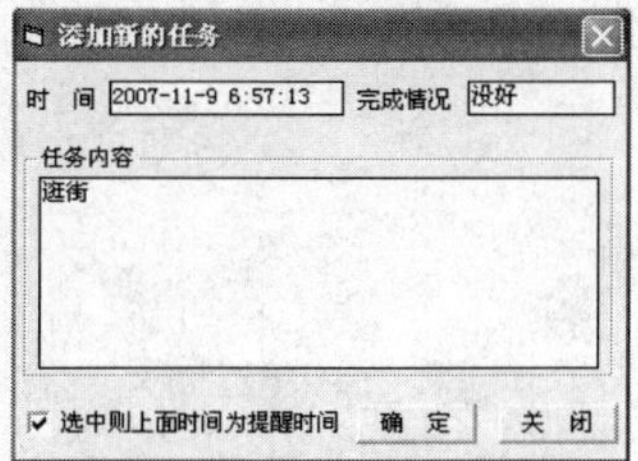

图 1-10-7　添加新的任务

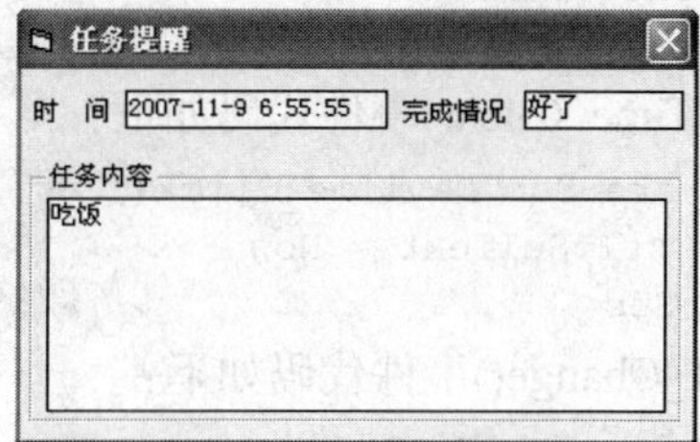

图 1-10-8　任务提醒

操作步骤如下。

（1）“日志管理”窗体及主要控件属性参照表 1-10-1 设计。

表 1-10-1　“日志管理”窗体及主要控件的属性

对　象	对 象 名	属 性 名	属 性 值	事 件 名
窗体	FrmMain	Caption	日志管理	Load Query Unload
		Height	8745	
		Width	10545	
文本框	Txt1	Text		无
		Height	6735	
		Width	6375	
工具栏	Toolbar1	ButtonWidth	765	ButtonClick
		ButtonWidth	10335	
日历	MonthView1	ShowToday	True	Change
驱动器下拉列表框	Drv1	Top	3120	Change
目录列表框	Dir1	Top	3420	Change
文件列表框	File1	Top	4800	Dblclick
状态栏	StatusBar1	ShowTips	True	无

（2）打开“代码设计”窗口，输入“日志管理”窗体程序代码。

Address_Click()事件代码如下：

```
Private Sub Address_Click()
   FrmAddress.Show
End Sub
```

Cal_Click()事件代码如下：

```
Private Sub Cal_Click()
   Shell App.Path & "\soft\calc.exe"
End Sub
```

Copy_Click()事件代码如下：

```
Private Sub Copy_Click()
   Clipboard.Clear
   Clipboard.SetText Txt1.SelText
End Sub
```

Cut_Click()事件代码如下：

```
Private Sub Cut_Click()
   Clipboard.Clear
   Clipboard.SetText Txt1.SelText
```

```
    Txt1.SelText = ""
End Sub
```

DayTime_Click()事件代码如下：

```
Private Sub DayTime_Click()
    Txt1.SelText = Now
End Sub
```

Dir1_Change()事件代码如下：

```
Private Sub Dir1_Change()
    File1.Path = Dir1.Path
End Sub
```

Drv1_Change()事件代码如下：

```
Private Sub Drv1_Change()
    Dir1.Path = Drv1.Drive
End Sub
```

File1_DblClick()事件代码如下：

```
Private Sub File1_DblClick()
    Dim temp As String
    Dim filename As String
    If File1.filename <> "" Then
       Txt1.Text = ""   '先清空文本框中的内容，以便放入新的内容
       filename = File1.filename
       Open filename For Input As #1
       Do While Not EOF(1)
          Line Input #1, temp
          Txt1.Text = Txt1.Text & temp & vbCrLf
       Loop
       Close #1
    End If
End Sub
```

Form_Load()事件代码如下：

```
Private Sub Form_Load()
    FrmTask_Notice.Show
    '将任务提醒窗口调入并使其隐藏，当有需要提醒的任务时则出现
    FrmTask_Notice.Visible = False
End Sub
```

Form_QueryUnload()事件代码如下：

```
Private Sub Form_QueryUnload(Cancel As Integer, UnloadMode As Integer)
    Dim qFrm As Form
    bQuit = True
    For Each qFrm In Forms
        Unload qFrm
    Next
End Sub
```

Open_Click()事件代码如下：

```
Private Sub Open_Click()
    Dim temp As String
    Dim filename As String
    Cdlg1.Filter = "文本文件(*.txt)|*.txt"
    Cdlg1.ShowOpen
    If Cdlg1.filename <> "" Then
       Txt1.Text = ""                      '先清空文本框中的内容，以便放入新的内容
```

```
        filename = Cdlg1.filename
        Open filename For Input As #1
        Do While Not EOF(1)
            Line Input #1, temp
            Txt1.Text = Txt1.Text & temp & vbCrLf
        Loop
        Close #1
    End If
End Sub
```

Paste_Click()事件代码如下：

```
Private Sub Paste_Click()
    Txt1.SelText = Clipboard.GetText
End Sub
```

Print_Click()事件代码如下：

```
Private Sub Print_Click()
    Cdlg1.ShowPrinter
End Sub
```

Quit_Click()事件代码如下：

```
Private Sub Quit_Click()
    Unload Me
End Sub
```

Save_Click()事件代码如下：

```
Private Sub Save_Click()
    Dim filename As String
    Cdlg1.Filter = "文本文件(*.txt)|*.txt"
    Cdlg1.ShowSave
    If Cdlg1.filename <> "" Then
        filename = Cdlg1.filename
        Open filename For Output As #1
        Print #1, Txt1.Text
        Close #1
    End If
    File1.Refresh
End Sub
```

Task_Click()事件代码如下：

```
Private Sub Task_Click()
    FrmTask.Show
End Sub
```

Toolbar1_ButtonClick()代码如下：

```
Private Sub Toolbar1_ButtonClick(ByVal Button As MSComctlLib.Button)
    Select Case Button
        Case "新  建"
            Txt1.Text = ""
            Txt1.SetFocus
        Case "打  开"
            Call Open_Click
        Case "保  存"
            Call Save_Click
        Case "打  印"
            Call Print_Click
        Case "退  出"
```

```
            Unload Me
        End Select
    End Sub
```

（3）"通讯录"窗体及主要控件属性参照表 1-10-2 设计。

表 1-10-2　　"通讯录"窗体及主要控件的属性

对　象	对 象 名	属 性 名	属 性 值	事 件 名
窗体	FrmAddress	Caption	通讯录	Load
		Height	7980	
		Width	9840	
文本框	Txt1	Text		无
		Height	6735	
		Width	6375	
工具栏	Toolbar1	ButtonWidth	524.9764	ButtonClick
		ButtonWidth	824.882	
树视图	TreeView1	Sorted	False	Click，Dblclick
列表视图	Lvw1	Sorted	False	ColumnClick Dblclick
		SortKey	0	
		SortOrder	0 - lvwAscend	
图像框	ImgSpliter	Stretch	False	Mouse Down Mouse Up Mouse Move
		Height	2295	
		Width	2295	
图片框	PicSpliter	Appearance	1-3D	无
		Height	3165	
		Width	120	

（4）打开"代码设计"窗口，输入"通讯录"窗体程序代码。

定义窗体变量的代码如下：

```
Dim mbMoving As Boolean                          '是否移动滑条
```

Form_Load()事件代码如下：

```
Private Sub Form_Load()
    Dim clm As ColumnHeader
    Dim StrId As String
    Dim StrText As String
    Call Position                                '调整控件位置
    PicSpliter.Visible = False
    TreeView1.ImageList = Imagelist1
    TreeView1.LabelEdit = tvwManual              '使树中节点 Text 不可更改
    Lvw1.LabelEdit = lvwManual                   '使列表视图中的数据不可更改
    TreeView1.Style = tvwTreelinesPlusMinusPictureText
    Call ShowTree                                '在树中显示类别
    Lvw1.View = lvwReport
    Set clm = Lvw1.ColumnHeaders.Add(, , "编  号", Lvw1.Width / 8)
    Set clm = Lvw1.ColumnHeaders.Add(, , "姓  名", Lvw1.Width / 8)
    Set clm = Lvw1.ColumnHeaders.Add(, , "性  别", Lvw1.Width / 8)
    Set clm = Lvw1.ColumnHeaders.Add(, , "电  话", Lvw1.Width / 8)
    Set clm = Lvw1.ColumnHeaders.Add(, , "E-mail", Lvw1.Width / 8)
```

```
    Set clm = Lvw1.ColumnHeaders.Add(, , "单  位", Lvw1.Width / 8)
    Set clm = Lvw1.ColumnHeaders.Add(, , "通信地址", Lvw1.Width / 8)
    Set clm = Lvw1.ColumnHeaders.Add(, , "备  注", Lvw1.Width / 8)
    Call ShowDataInlvw("Select * from Address")
End Sub
```

ShowTree()过程代码如下：

```
Private Sub ShowTree()
    Dim nodx As Node
    Dim DB As Database
    Dim RS As Recordset
    Set DB = OpenDatabase(App.Path & "\data\log.mdb")
    Set RS = DB.OpenRecordset("kind")
    TreeView1.Nodes.Clear
    Set nodx = TreeView1.Nodes.Add(, , "通讯录", "通讯录", 16)
    Do While Not RS.EOF
        StrId = "ID" & CStr(RS!Index)
        StrText = RS!Text
    Set nodx = TreeView1.Nodes.Add("通讯录", tvwChild, StrId, StrText, 11)
        RS.MoveNext
    Loop
    TreeView1.Nodes(1).Expanded = True                  '将树展开
    RS.Close
    Set RS = Nothing
    DB.Close
    Set DB = Nothing
End Sub
```

ShowDataInlvw()过程代码如下：

```
Private Sub ShowDataInlvw(StrSql As String)
    Dim DB As Database
    Dim RS As Recordset
    Dim iItm As ListItem
    Set DB = OpenDatabase(App.Path & "\data\log.mdb")
    Set RS = DB.OpenRecordset(StrSql)
    Lvw1.ListItems.Clear
    Do While Not RS.EOF
        Set Itm = Lvw1.ListItems.Add(, , RS!编号)
        Itm.SubItems(1) = RS!姓名
        Itm.SubItems(2) = RS!性别
        Itm.SubItems(3) = RS!电话
        Itm.SubItems(4) = RS!E-mail
        Itm.SubItems(5) = RS!单位
        Itm.SubItems(6) = RS!通信地址
        Itm.SubItems(7) = RS!备注
        RS.MoveNext
    Loop
End Sub
```

Position()过程代码如下：

```
Private Sub Position()
    Lvw1.Left = TreeView1.Width + 30
    Lvw1.Width = Me.ScaleWidth - Lvw1.Left
    Lvw1.Height = TreeView1.Height
```

```
        CoolBar1.Width = Me.ScaleWidth
        ImgSpliter.Left = TreeView1.Width - 20
        ImgSpliter.Top = TreeView1.Top
        ImgSpliter.Height = TreeView1.Height
        PicSpliter.Left = ImgSpliter.Left
        PicSpliter.Top = ImgSpliter.Top
        PicSpliter.Height = ImgSpliter.Height
    End Sub
```

ImgSpliter_MouseDown()事件代码如下：

```
    Private Sub ImgSpliter_MouseDown(Button As Integer, Shift As Integer, x As Single, y
As Single)
        With ImgSpliter
            PicSpliter.Move .Left, .Top + 20, .Width, .Height - 40
        End With
        PicSpliter.Visible = True
        mbMoving = True
    End Sub
```

ImgSpliter_MouseMove()事件代码如下：

```
    Private Sub ImgSpliter_MouseMove(Button As Integer, Shift As Integer, x As Single, y
As Single)
        Dim sglPos As Single
        If mbMoving Then
            sglPos = x + ImgSpliter.Left
            If sglPos < 500 Then
                PicSpliter.Left = 500
            ElseIf sglPos > Me.Width - 500 Then
                PicSpliter.Left = Me.Width - 500
            Else
                PicSpliter.Left = sglPos
            End If
        End If
    End Sub
```

ImgSpliter_MouseUp()事件代码如下：

```
    Private Sub ImgSpliter_MouseUp(Button As Integer, Shift As Integer, x As Single, y As
Single)
        SizeControls PicSpliter.Left
        PicSpliter.Visible = False
        mbMoving = False
    End Sub
```

SizeControls()过程代码如下：

```
    Sub SizeControls(x As Single)                         '控制拖曳后树视图、列表视图等的位置
        On Error Resume Next
        '设置拖曳的范围，即1500——(窗体宽度-1500)
        If x < 1500 Then x = 1500
        If x > 6000 Then x = 3000
        TreeView1.Width = x
        ImgSpliter.Left = x
        Lvw1.Left = x + 30
        Lvw1.Width = Me.ScaleWidth - (TreeView1.Width + 30)
    End Sub
```

Lvw1_ColumnClick()事件代码如下：

```
    Private Sub Lvw1_ColumnClick(ByVal ColumnHeader As MSComctlLib.ColumnHeader)
            '使记录按升（降）序排列
```

```
    Dim intSortKey, intRnd As Integer
    Lvw1.SortKey = ColumnHeader.Index - 1
    intSortKey = Lvw1.SortKey
    Lvw1.SortOrder = Abs(Not Lvw1.SortOrder = 1)
    Lvw1.Sorted = True
    If intSortKey > -1 Then
       intRnd = intSortKey
    End If
End Sub
```

Lvw1_DblClick()事件代码如下：

```
Private Sub Lvw1_DblClick()
    Flag2 = "property"
    FrmAddress_New.Show
End Sub
```

Toolbar1_ButtonClick()事件代码如下：

```
Private Sub Toolbar1_ButtonClick(ByVal Button As MSComctlLib.Button)
    Select Case Button
       Case "新联系人"
          If TreeView1.SelectedItem.Key = "通讯录" Then
     MsgBox "请先选择类别再添加联系人！！！", vbOKOnly + vbInformation, "提示"
             Exit Sub
          End If
          KindId = Mid(TreeView1.SelectedItem.Key, 3)
             '将树中被选节点的key值数字部分存到kindid中
          Flag2 = "new"
          FrmAddress_New.Show
       Case "新类别"
          Flag1 = "new"
          FrmAddress_NewKind.Show
       Case "删联系人"
          Call Delete_1
       Case "删类别"
          Call Delete_2
       Case "属  性"
          Flag2 = "property"
          FrmAddress_New.Show
       Case "查  找"
          FrmAddress_Find.Show
       Case "退  出"
          Unload Me
    End Select
End Sub
```

Delete_2()过程代码如下：

```
Private Sub Delete_2()
    Dim DB As Database
    Dim RS As Recordset             'kind
    Dim Rs1 As Recordset            'address
    Dim StrSql As String, StrSql1 As String
    Dim Num As Long
    Set DB = OpenDatabase(App.Path & "\data\log.mdb")
    If TreeView1.SelectedItem.Key = "通讯录" Then
```

```
            MsgBox "此类别不能够删除！！！", vbOKOnly + vbInformation, "提示"
            Exit Sub
        Else
            If MsgBox("类别删除后，属于其中的联系人也将被删除，你确定删除吗？", vbYesNo + vbQuestion,
"删除") = vbYes Then
                Num = Val(Mid(TreeView1.SelectedItem.Key, 3))
              StrSql1 = "select * from address where 类别ID=" & Num
                Set Rs1 = DB.OpenRecordset(StrSql1)
                Do While Not Rs1.EOF
                   Rs1.Delete
                   Rs1.MoveNext
                Loop
                Rs1.Close
                Set Rs1 = Nothing
                StrSql = "select * from kind where index=" & Num
                Set RS = DB.OpenRecordset(StrSql)
                RS.Delete
                RS.Close
                Set RS = Nothing
                DB.Close
                Set DB = Nothing
                Call ShowTree
            Else
                DB.Close
                Set DB = Nothing
                Exit Sub
            End If
        End If
    End Sub
```

Delete_1()过程代码如下：

```
    Private Sub Delete_1()
        Dim DB As Database
        Dim RS As Recordset
        Dim StrNum As String
        Dim StrSql As String
        Set DB = OpenDatabase(App.Path & "\data\log.mdb")
        If Lvw1.ListItems.Count > 0 Then
            If Lvw1.SelectedItem.Text <> "" Then
                StrNum = Lvw1.SelectedItem.Text
                If MsgBox("你确定要删除编号为" & StrNum & "的联系人吗？", vbYesNo + vbQuestion,
"删除") = vbYes Then
                    StrSql = "select * from address where 编号='" & StrNum & "'"
                    Set RS = DB.OpenRecordset(StrSql)
                    RS.Delete
                    RS.Close
                    Set RS = Nothing
                    DB.Close
                    Set DB = Nothing
            Call ShowDataInlvw("select * from address where 类别ID=" & KindId)
                    '将列表中数据更新
                Else
                    DB.Close
                    Set DB = Nothing
```

```
            Exit Sub
        End If
    Else                                                    '没有选择要删除的记录时出现提示
        MsgBox "请选择要删除的记录！！！", vbOKOnly + vbInformation, "提示"
        DB.Close
        Set DB = Nothing
        Exit Sub
    End If
  Else        '列表中没有记录时则退出此过程
    DB.Close
    Set DB = Nothing
    Exit Sub
  End If

End Sub
```

TreeView1_Click()事件代码如下：

```
Private Sub TreeView1_Click()
  Dim StrSql As String
  'Dim temp As Long
  If TreeView1.SelectedItem.Key = "通讯录" Then
    StrSql = "select * from address"
  Else
    KindId = Val(Mid(TreeView1.SelectedItem.Key, 3))
    StrSql = "select * from Address where 类别 ID =" & KindId
  End If
  Call ShowDataInlvw(StrSql)
End Sub
```

TreeView1_DblClick()事件代码如下：

```
Private Sub TreeView1_DblClick()
  Dim DB As Database
  Dim RS As Recordset
  Dim StrSql As String
  Dim temp As Long
  Set DB = OpenDatabase(App.Path & "\data\log.mdb")
  temp = Val(Mid(TreeView1.SelectedItem.Key, 3))
  StrSql = "select * from kind where index=" & temp
  Set RS = DB.OpenRecordset(StrSql)
  If Not RS.EOF Then
    With FrmAddress_NewKind
      .Txt1.Text = RS!Text
      .Txt2.Text = RS!Description
    End With
    RS.Close
    Set RS = Nothing
    DB.Close
    Set DB = Nothing
    Flag1 = ""
    FrmAddress_NewKind.Show
  Else
    Exit Sub
  End If
End Sub
```

（5）“通讯录查找”窗体及主要控件属性参照表 1-10-3 设计。

表 1-10-3　“通讯录查找”窗体及主要控件的属性

对　象	对 象 名	属 性 名	属 性 值	事 件 名
窗体	FrmAddress_Find	Caption	通讯录查找	无
		Height	1935	
		Width	4485	
框架	Fram1	Caption	查找	无
		Height	1215	
		Width	2955	
单选按钮	Opt1	Caption	按编号查找	Click
	Opt2	Caption	按姓名查找	
文本框	Txt1	Alignment	0 – Left Just	无
		Height	315	
		Width	1305	
	Txt2	Alignment	0 – Left Just	
		Height	315	
		Width	1305	
命令按钮	Cmd1	Caption	查　找	Click
		Height	345	
		Width	1065	
	Cmd2	Caption	关　闭	
		Height	345	
		Width	1065	

（6）打开“代码设计”窗口，输入“通讯录查找”窗体程序代码。

Cmd1_Click()事件代码如下：

```
Private Sub Cmd1_Click()
    Dim DB As Database
    Dim RS As Recordset
    Dim Itm As ListItem
    Dim StrSql As String
    Dim StrFind As String
    Set DB = OpenDatabase(App.Path & "\data\log.mdb")
    If Opt1.Value = True Then  '按编号查找
        If Txt1.Text = "" Then
       MsgBox "编号不能为空,请输入! ", vbOKOnly + vbInformation, "提示"
            Txt1.SetFocus
            Exit Sub
        Else
            StrFind = Txt1.Text
      StrSql = "select * from address where 编号 like'" & StrFind & "'*"
            '使其能够模糊查找
        End If
    Else                      '按姓名查找
        If Txt2.Text = "" Then
        MsgBox "姓名不能为空,请输入! ", vbOKOnly + vbInformation, "提示"
```

```
            Txt2.SetFocus
            Exit Sub
        Else
            StrFind = Txt2.Text
            StrSql = "select * from address where 姓名 like'" & StrFind & "*'"
                '使其能够模糊查找
        End If
    End If
    Set RS = DB.OpenRecordset(StrSql)
    If RS.EOF Then
            MsgBox "没有找到符合条件的记录！！！", vbOKOnly + vbInformation, "提示"
            RS.Close
            Set RS = Nothing
            DB.Close
            Set DB = Nothing
            Exit Sub
    End If
    With FrmAddress
            .Lvw1.ListItems.Clear
            Do While Not RS.EOF
                Set Itm = .Lvw1.ListItems.Add(, , RS!编号)
                Itm.SubItems(1) = RS!姓名
                Itm.SubItems(2) = RS!性别
                Itm.SubItems(3) = RS!电话
                Itm.SubItems(4) = RS!E-mail
                Itm.SubItems(5) = RS!单位
                Itm.SubItems(6) = RS!通信地址
                Itm.SubItems(7) = RS!备注
                RS.MoveNext
            Loop
    End With
    RS.Close
    Set RS = Nothing
    DB.Close
    Set DB = Nothing
    Unload Me
End Sub
```

Cmd2_Click()事件代码如下：

```
Private Sub Cmd2_Click()
    Unload Me
End Sub
```

Opt1_Click()事件代码如下：

```
Private Sub Opt1_Click()
    Txt1.Enabled = True
    Txt1.SetFocus
    Txt2.Enabled = False
    Txt2.Text = ""
End Sub
```

Opt2_Click()事件代码如下：

```
Private Sub Opt2_Click()
    Txt2.Enabled = True
    Txt2.SetFocus
```

```
    Txt1.Enabled = False
    Txt1.Text = ""
End Sub
```

（7）“新建通讯录”窗体及主要控件属性参照表 1-10-4 设计。

表 1-10-4　　“新建通讯录”窗体及主要控件的属性

对　象	对 象 名	属 性 名	属 性 值	事 件 名
窗体	FrmAddress_New	Caption	新建通讯录	Load
		Height	3975	
		Width	5205	
框架	Fram1	Caption	新联系人	无
		Height	3285	
		Width	4665	
选项卡	TabStrip1	标题	添 加	无
文本框	Txt1(0-7)	Appearance	0 - Flat	无
命令按钮	Cmd1	Caption	确 定	Click
		Height	345	
		Width	1035	
	Cmd2	Caption	取 消	
		Height	345	
		Width	1035	

（8）打开“代码设计”窗口，输入“新建通讯录”窗体程序代码。

Cmd1_Click()事件代码如下：

```
Private Sub Cmd1_Click()
    '已经在 Txt1 的 MaxLenth 属性中限制了可输数据的长度
    '所以可不判断输入的数据是否超出数据库中规定的数据长度
    Dim DB As Database
    Dim RS As Recordset
    Set DB = OpenDatabase(App.Path & "\data\log.mdb")
    If Txt1(1).Text = "" Then
        MsgBox "姓名必须输入！！！", vbOKOnly + vbInformation, "提示"
        Txt1(1).SetFocus
        Exit Sub
    Else
        If Flag2 = "new" Then
            Set RS = DB.OpenRecordset("address")
            RS.AddNew
            RS!类别 ID = KindId
        Else
            Set RS = DB.OpenRecordset("select * from address where 编号='" & Txt1(0).Text
& "'")
            RS.Edit
        End If
        RS!编号 = Txt1(0).Text
        RS!姓名 = Txt1(1).Text
        RS!性别 = Txt1(2).Text
        RS!电话 = Txt1(3).Text
```

```
            RS!E-mail = Txt1(4).Text
            RS!单位 = Txt1(5).Text
            RS!通信地址 = Txt1(6).Text
            RS!备注 = Txt1(7).Text
            RS.Update
        End If
        Call LvwRefresh                                        '将添加的记录显示在“通讯录”中。
        Unload Me
    End Sub
```

LvwRefresh()过程代码如下：

```
    Private Sub LvwRefresh()
        Dim Itm As ListItem
        Dim DB As Database
        Dim RS As Recordset
        Dim StrSql As String
        Set DB = OpenDatabase(App.Path & "\data\log.mdb")
        StrSql = "select * from address where 类别 ID=" & KindId
        Set RS = DB.OpenRecordset(StrSql)
        With FrmAddress
            .Lvw1.ListItems.Clear
            Do While Not RS.EOF
               Set Itm = .Lvw1.ListItems.Add(, , RS!编号)
               Itm.SubItems(1) = RS!姓名
               Itm.SubItems(2) = RS!性别
               Itm.SubItems(3) = RS!电话
               Itm.SubItems(4) = RS!E-mail
               Itm.SubItems(5) = RS!单位
               Itm.SubItems(6) = RS!通信地址
               Itm.SubItems(7) = RS!备注
               RS.MoveNext
        Loop
        End With
        RS.Close
        Set RS = Nothing
        DB.Close
        Set DB = Nothing
    End Sub
```

Cmd2_Click()事件代码如下：

```
    Private Sub Cmd2_Click()
        Unload Me
    End Sub
```

Form_Load()事件代码如下：

```
    Private Sub Form_Load()
        Dim DB As Database
        Dim RS As Recordset
        Dim Num As String
        Dim temp As String
        Dim i As Integer
        If Flag2 = "new" Then
            Set DB = OpenDatabase(App.Path & "\data\log.mdb")
            Set RS = DB.OpenRecordset("address")
```

```
        If RS.EOF Then      '如果是第一次向 address 中添加记录则编号为"00001"
            Num = "0001"
        Else
            RS.MoveLast
            temp = Val(RS!编号)
            Num = String(4 - Len(temp), "0") & CStr(Val(temp) + 1)
        End If
        Txt1(0).Locked = True                               '使文本框中的内容不可更改
        Txt1(0).Text = Num                                  '自动填入编号
        RS.Close
        Set RS = Nothing
        DB.Close
        Set DB = Nothing
    Else
        Txt1(0).Text = FrmAddress.Lvw1.SelectedItem.Text
        For i = 1 To FrmAddress.Lvw1.SelectedItem.ListSubItems.Count
            Txt1(i).Text = FrmAddress.Lvw1.SelectedItem.SubItems(i)
        Next i
    End If
End Sub
```

（9）“新建通讯录类别”窗体及主要控件属性参照表 1-10-5 设计。

表 1-10-5　“新建通讯录类别”窗体及主要控件的属性

对　象	对 象 名	属 性 名	属 性 值	事 件 名
窗体	FrmAddress_NewKind	Caption	新建通讯录类别	无
		Height	3240	
		Width	4080	
框架	frAdd	Caption	添加	无
		Height	2295	
		Width	3735	
选项卡	TabStrip1	Captim	类别	无
文本框	Txt1	Appearance	1–3D	无
		Height	315	
		Width	2535	
	Txt2	Appearance	1–3D	
		Height	315	
		Width	2535	
命令按钮	Cmd1	Caption	确定	Click
		Height	345	
		Width	870	
	Cmd2	Caption	取消	
		Height	345	
		Width	870	

（10）打开“代码设计”窗口，输入“新建通讯录类别”窗体程序代码。

Cmd1_Click()事件代码如下：

```
Private Sub Cmd1_Click()
    Dim DB As Database
```

```
    Dim RS As Recordset
    Set DB = OpenDatabase(App.Path & "\data\log.mdb")
    If Trim(Txt1.Text) = "" Then
MsgBox "类别名不能够为空，请重新输！！！", vbOKOnly + vbInformation, "提示"
        Exit Sub
        Txt1.SetFocus
    Else
        StrSql = "select * from kind where text='" & Txt1.Text & "'"
        Set RS = DB.OpenRecordset(StrSql)
        If RS.EOF Then
            If Flag1 = "new" Then
                RS.AddNew
            Else
                RS.Close
                StrSql = "select * from kind where text='" & FrmAddress.TreeView1.
SelectedItem. Text & "'"
                Set RS = DB.OpenRecordset(StrSql)
                RS.Edit
            End If
            RS!Text = Txt1.Text
            RS!Description = Txt2.Text
            RS.Update
        Else
            MsgBox "这个类别名已经存在，请重新输入！！！", vbOKOnly + vbInformation, "提示"
            Exit Sub
            Txt1.SetFocus
        End If
     End If
    RS.Close
    Set RS = Nothing
    DB.Close
    Set DB = Nothing
    Call TreeRefresh                                            '将新的类别显示在树中
     Unload Me
End Sub
```

TreeRefresh()事件代码如下：

```
Private Sub TreeRefresh()
    Dim nodx As Node
    Dim DB As Database
    Dim RS As Recordset
    Dim StrId As String
    Dim StrText As String
    Set DB = OpenDatabase(App.Path & "\data\log.mdb")
    Set RS = DB.OpenRecordset("kind")
    With FrmAddress
        .TreeView1.Nodes.Clear
        Set nodx = .TreeView1.Nodes.Add(, , "通讯录", "通讯录", 16)
        Do While Not RS.EOF
            StrId = "ID" & CStr(RS!Index)
            StrText = RS!Text
   Set nodx = .TreeView1.Nodes.Add("通讯录", tvwChild, StrId, StrText, 11)
            RS.MoveNext
        Loop
        .TreeView1.Nodes(1).Expanded = True '将树展开
```

```
    End With
End Sub
```

Cmd2_Click()事件代码如下：

```
Private Sub Cmd2_Click()
    Unload Me
End Sub
```

（11）“任务管理”窗体及主要控件属性参照表 1-10-6 设计。

表 1-10-6 “任务管理”窗体及主要控件的属性

对　　象	对 象 名	属 性 名	属 性 值	事 件 名
窗体	FrmTask	Caption	任务管理	Load
		Height	5790	
		Width	8190	
列表视图	Lvw1	Sorted	False	ColumnClick Dblclick
		SortKey	0	
		SortOrder	0 - lvwAscend	
工具栏	Toolbar1	ImageList	ImageList1	ButtonClick

（12）打开“代码设计”窗口，输入“任务管理”窗体程序代码。

Form_Load()事件代码如下：

```
Private Sub Form_Load()
    StatusBar1.Panels(1).Width = Me.ScaleWidth
    Lvw1.View = lvwReport
    Call ShowDataInlvw
End Sub
```

ShowDataInlvw()过程代码如下：

```
Private Sub ShowDataInlvw()
    Dim clm As ColumnHeader
    Dim Itm As ListItem
    Dim DB As Database
    Dim RS As Recordset
    Set DB = OpenDatabase(App.Path & "\data\log.mdb")
    Set RS = DB.OpenRecordset("task")
    Lvw1.ListItems.Clear
    Set clm = Lvw1.ColumnHeaders.Add(, , "时间", Lvw1.Width / 4)
    Set clm = Lvw1.ColumnHeaders.Add(, , "任务内容", Lvw1.Width / 4)
    Set clm = Lvw1.ColumnHeaders.Add(, , "完成情况", Lvw1.Width / 4)
    Set clm = Lvw1.ColumnHeaders.Add(, , "每日提醒", Lvw1.Width / 4)
    Do While Not RS.EOF
        Set Itm = Lvw1.ListItems.Add(, , RS!时间)
        Itm.SubItems(1) = RS!任务内容
        Itm.SubItems(2) = RS!完成情况
        Itm.SubItems(3) = IIf(RS!每日提醒 = True, "是", "否")
        RS.MoveNext
    Loop
  StatusBar1.Panels(1).Text = "共有" & Str(RS.RecordCount) & "条任务记录"
    RS.Close
    Set RS = Nothing
    DB.Close
```

```
    Set DB = Nothing
End Sub
```

Lvw1_ColumnClick()事件代码如下：

```
Private Sub Lvw1_ColumnClick(ByVal ColumnHeader As MSComctlLib.ColumnHeader)
    Dim intSortKey, intRnd As Integer
    Lvw1.SortKey = ColumnHeader.Index - 1
    intSortKey = Lvw1.SortKey
    Lvw1.SortOrder = Abs(Not Lvw1.SortOrder = 1)
    Lvw1.Sorted = True
    If intSortKey > -1 Then
       intRnd = intSortKey
    End If
End Sub
```

Lvw1_DblClick()事件代码如下：

```
Private Sub Lvw1_DblClick()
    Flag = "property"
    FrmTask_New.Show
End Sub
```

Toolbar1_ButtonClick()事件代码如下：

```
Private Sub Toolbar1_ButtonClick(ByVal Button As MSComctlLib.Button)
    Select Case Button
        Case "新任务"
            Flag = "new"
            FrmTask_New.Show
        Case "删  除"
            Call Delete
        Case "属  性"
            Flag = "property"
            FrmTask_New.Show
        Case "退  出"
            Unload Me
    End Select
End Sub
```

Delete()过程代码如下：

```
Private Sub Delete()
    Dim DB As Database
    Dim RS As Recordset
    Dim StrTime As String
    Dim StrSql As String
    Set DB = OpenDatabase(App.Path & "\data\log.mdb")
    If Lvw1.ListItems.Count > 0 Then
        If Lvw1.SelectedItem.Text <> "" Then
            StrTime = Lvw1.SelectedItem.Text
            If MsgBox("你确定要删除时间为" & StrTime & "的任务记录吗？", vbYesNo + vbQuestion,
"删除") = vbYes Then
                StrSql = "select * from task where 时间='" & StrTime & "'"
                Set RS = DB.OpenRecordset(StrSql)
                RS.Delete
                RS.Close
                Set RS = Nothing
                DB.Close
                Set DB = Nothing
```

```
            Call ShowDataInlvw   '调用 showdatainlvw 过程，将列表中数据更新
                Else
                    DB.Close
                    Set DB = Nothing
                    Exit Sub
                End If
            Else                                            '没有选择要删除的记录时出现提示
           MsgBox "请选择要删除的记录！！", vbOKOnly + vbInformation, "提示"
                DB.Close
                Set DB = Nothing
                Exit Sub
            End If
        Else                                                '列表中没有记录时则退出此过程
            DB.Close
            Set DB = Nothing
            Exit Sub
        End If
    End Sub
```

（13）“添加新的任务”窗体及主要控件属性参照表 1-10-7 设计。

表 1-10-7　　　　“添加新的任务”窗体及主要控件的属性

对　　象	对 象 名	属 性 名	属 性 值	事 件 名
窗体	FrmTask	Caption	添加新的任务	Load
		Height	3585	
		Width	4785	
框架	Fra1	Caption	任务内容	无
		Height	1815	
		Width	4545	
复选框	Chk1	Caption	选中则上面时间为提醒时间	无
文本框	Txt1（0-2）	Appearance	0 - Flat	无
标签	Lbl1(0)	Caption	时　间	无
	Lbl1(1)	Caption	完成情况	
命令	Cmd1	Caption	确　定	Click
		Height	315	
		Width	915	
	Cmd2	Caption	关　闭	
		Height	315	
		Width	915	

（14）打开“代码设计”窗口，输入“添加新的任务”窗体程序代码。

Cmd1_Click()事件代码如下：

```
Private Sub Cmd1_Click()
    Dim DB As Database
    Dim RS As Recordset
    Dim temp As String
    Set DB = OpenDatabase(App.Path & "\data\log.mdb")
    If Flag = "new" Then
```

```
        Set RS = DB.OpenRecordset("task")
        RS.AddNew
    Else
        temp = FrmTask.Lvw1.SelectedItem.Text
        Set RS = DB.OpenRecordset("select * from task where 时间='" & temp & "'")
        RS.Edit
    End If
    RS!时间 = Txt1(0).Text
    RS!任务内容 = Txt1(1).Text
    RS!完成情况 = Txt1(2).Text
    RS!每日提醒 = Chk1.Value
    RS.Update
    Call LvwRefresh
    Unload Me
End Sub
```

LvwRefresh()过程代码如下：

```
Private Sub LvwRefresh()
    Dim DB As Database
    Dim RS As Recordset
    Set DB = OpenDatabase(App.Path & "\data\log.mdb")
    Set RS = DB.OpenRecordset("Task")
    If RS.EOF = False Then
        With FrmTask
            .Lvw1.ListItems.Clear
            Do While Not RS.EOF
                Set Itm = .Lvw1.ListItems.Add(, , RS!时间)
                Itm.SubItems(1) = RS!任务内容
                Itm.SubItems(2) = RS!完成情况
                Itm.SubItems(3) = IIf(RS!每日提醒 = True, "是", "否")
                RS.MoveNext
            Loop
 .StatusBar1.Panels(1).Text = "共有" & Str(RS.RecordCount) & "条任务记录"
        End With
    End If
    RS.Close
    Set RS = Nothing
End Sub
```

Cmd2_Click()事件代码如下：

```
Private Sub Cmd2_Click()
    Unload Me
End Sub
```

Form_Load()事件代码如下：

```
Private Sub Form_Load()
    If Flag = "new" Then        '当单击“新任务”按钮时
        Txt1(0).Text = Now
        Chk1.Value = 1
    Else                        '单击的是“属性”按钮
        With FrmTask
            Txt1(0).Text = .Lvw1.SelectedItem.Text
            Txt1(1).Text = .Lvw1.SelectedItem.SubItems(1)
            Txt1(2).Text = .Lvw1.SelectedItem.SubItems(2)
```

```
            Chk1.Value = IIf(.Lvw1.SelectedItem.SubItems(3) = "是", 1, 0)
        End With
    End If
End Sub
```

（15）“任务提醒”窗体及主要控件属性参照表 1-10-8 设计。

表 1-10-8　“任务提醒”窗体及主要控件的属性

对　象	对 象 名	属 性 名	属 性 值	事 件 名
窗体	FrmTask	Caption	任务提醒	Load
		Height	3075	
		Width	4770	
框架	Fra1	Caption	任务内容	无
		Height	1815	
		Width	4545	
文本框	Txt1（0-2）	Appearance	0 - Flat	无
标签	Lbl1(0)	Caption	时　间	无
	Lbl1(1)	Caption	完成情况	
时钟	Timer1	Enable	True	Timer

（16）打开“代码设计”窗口，输入“任务提醒”窗体程序代码。

定义窗体变量的代码如下：

```
Option Explicit
Dim DB As Database
Dim RS As Recordset
```

Form_Load()事件代码如下：

```
Private Sub Form_Load()
    Set DB = OpenDatabase(App.Path & "\data\log.mdb")
End Sub
```

Form_QueryUnload()事件代码如下：

```
Private Sub Form_QueryUnload(Cancel As Integer, UnloadMode As Integer)
    If Not bQuit Then
        Cancel = 1                                        '使窗体不被关闭
        Me.Visible = False
    End If
End Sub
```

Timer1_Timer()事件代码如下：

```
Private Sub Timer1_Timer()
    Dim StrSql As String
    StrSql = "select * from task where 时间='" & Now & "' and 每日提醒=true"
    Set RS = DB.OpenRecordset(StrSql)
    If RS.EOF = False Then
        Me.Visible = True
        Txt1(0).Text = RS!时间
        Txt1(1).Text = RS!任务内容
        Txt1(2).Text = RS!完成情况
    End If
End Sub
```

（17）保存窗体，运行程序，结果如图 1-10-1、图 1-10-2、图 1-10-3、图 1-10-4、图 1-10-5、图 1-10-6、图 1-10-7 和图 1-10-8 所示。

第 2 篇
习题解答

习题 1 概述

1. 简述什么是程序。

程序是指令的集合，是用语言来描述，且能够完成指定工作的操作步骤。

2. 简述什么是算法。

算法是求解问题的计算方法。

3. 简述程序的基本结构。

Visual Basic 程序以工程组或工程为基本元素。工程或工程组由一个或多个对象组成，而每一个对象必须要描述属性、事件和方法 3 个要素。其中，事件程序代码基本结构如下：

（1）变量说明；

（2）过程说明；

（3）模块；

（4）过程代码。

4. 简述 Visual Basic 集成开发环境的构成。

Visual Basic 集成开发环境的主要组成部分如下：

（1）菜单栏；

（2）工具栏；

（3）工程资源管理器窗口；

（4）立即窗口；

（5）窗口设计器窗口；

（6）属性窗口；

（7）代码窗口；

（8）布局窗口；

（9）模块窗口。

5. 叙述工具栏与菜单栏的异同之处。

相同点：选择菜单中的一个命令，便可执行一个操作或打开一个对话框或窗口；同样，单击工具栏中的任意一个按钮，也可以执行一个操作或打开一个对话框或窗口。

不同点：菜单栏是系统提供的全部功能的集合，工具栏则是常用菜单命令的部分组合；用菜单栏中的命令实现某一操作，有时需要打开多级菜单，经过多次选择才能完成，而利用工具栏中的命令按钮和图标提示控制操作，只要激活某一个工具栏，就可以实现某一系列操作功能。

6. 启动 Visual Basic 系统程序有哪几种方法?

（1）从“开始”菜单中选择“程序”→“Microsoft Visual Basic 6.0 中文版”命令。

（2）从资源管理器中启动 Visual Basic 可执行文件。

（3）从“运行”对话框中启动 Visual Basic 可执行文件。

7. 工具箱中常用的内部控件有哪些？其功能是什么？

工具箱是容纳各种控件制作工具的窗口，每个控件由一个对应的图标来表示。在 Visual Basic 系统中，工具箱中的控件分为内部控件（或标准控件）和 ActiveX 控件两大类，其内部控件及功能如下：

（1）CheckBox，用于在一组选项中选择一个或多个选项。

（2）ComboBox，用于选择和输出信息。

（3）Command Button，单击或双击命令按钮可驱动事件代码。

（4）Data，用于访问数据库中的数据。

（5）DirListBox，用于显示当前驱动器中目录和文件夹列表。

（6）DriveListBox，用于显示驱动器列表。

（7）FileListBox，用于显示当前目录中的文件列表。

（8）Frame，用于容纳其他控件，并可用于控件按类分组。

（9）Image，用于显示图片文件。

（10）Label，用于显示文本。

（11）Line，用于在容器内画直线。

（12）ListBox，用于显示列表信息。

（13）OLE，用于在程序内增加 OLE 功能。

（14）Option Button，用于在一组单选按钮中选择其中一个选项。

（15）PictureBox，用于显示图形文件和文本信息，还可容纳其他控件。

（16）Shape，用于在窗体和图片框上显示几何图形。

（17）TextBox，用于显示、接收和编辑文本信息。

（18）Timer，用于按指定的时间间隔控制某些操作。

8. 简述代码窗口的主要功能。

代码窗口用来显示、编辑窗体及窗体中控件的事件和方法代码。

9. 代码窗口与立即窗口有什么不同？

立即窗口是用来进行快速的表达式计算、简单方法的操作，进行程序测试的工作窗口。代码窗口是用来显示、编辑窗体及窗体中控件的事件和方法代码的工作窗口。

10. 如何设置 Visual Basic 系统环境？

在 Visual Basic 系统环境下，在菜单栏中选择“工具”→“选项”命令，通过“选项”对话框中的各个选项卡修改或设置相关参数，从而确定 Visual Basic 的系统环境。

习题 2 程序设计基础

1. 回答下列问题。

（1）在 Visual Basic 系统中常用的标准数据类型有哪些？

数值型、字符型、货币型、日期型、布尔型、对象型、变体型、字节型。

（2）简述数值型数据细分几种类型。

数值型细分为整形、长整型、单精度型和双精度型。

（3）简述常量和变量的区别。

常量是在程序中可直接引用的实际值，其在程序运行中不变；变量在程序运行中，其值可以改变。

（4）变量声明语句有几个，功能有什么不同？

① Dim 语句用于声明变量为局部变量。

② Static 语句用于声明变量为局部变量。

③ Option Explicit 语句用于强制声明变量。

④ Private 语句用于声明变量为局部变量。

⑤ Public 语句用于声明变量为全局变量。

（5）简述变量的作用域分类及其区别。

① 局部变量：在所声明的事件过程、通用过程中有效。

② 窗体变量和模块变量：一个窗体可以包含若干个事件过程和通用过程，同样一个标准模块可以包含若干通用过程。窗体变量在一个窗体模块的多个事件过程和通用过程中有效；模块变量在一个标准模块的多个通用过程中有效。

（6）Option Explicit 语句的作用是什么？

在 Visual Basic 程序的开始处，若出现（系统环境可设置）或写入 Option Explict，程序中的所有变量必须进行显式说明。

（7）表达式由哪些要素组成？

表达式是由变量、常量、函数、运算符和圆括号组成的式子。

（8）标识符的命名规则有哪些？

① 由字母或汉字开头，可由字母、汉字、数字和下画线组成。

② 长度小于 256 个字符。

③ 不能使用 Visual Basic 语句的保留字。

④ 标识符不区分大小写。

⑤ 为了增加程序的可读性，可在对象名前加一个缩写的前缀来表明该变量的数据类型，第一

个字符要大写。

（9）一个语句行超过 255 个字符如何处理？

要将一个语句行分成上下两行，可用空格和下划线“_”组成的连接符，将语句行的上下两行连接。

（10）注释语句如何书写？

在 Visual Basic 系统中，注释语句是以单引号（'）开头的语句行，或以单引号（'）为后缀的语句段落。

2. 根据标识符命名规则，判断下列标识符哪些是不合法的。

（1）Y[1]　　（不合法，标识符中不应包含“[”和“]”）

（2）5xD34　　（不合法，标识符开头字符不能是数字）

（3）L_er　　（合法）

（4）M.Black　　（不合法，标识符中不应包含“.”）

（5）“tyu”　　（不合法，不能包含双引号）

（6）End　　（不合法，End 是保留字）

（7）Sub　　（不合法，Sub 是保留字）

（8）Name123　　（合法）

（9）实验室　　（合法）

3. 下列常量哪些是不合法的，为什么？

（1）12.678　　（合法，数值型常量）

（2）#2006-12-01#　　（合法，日期型常量）

（3）100%　　（合法，数值型常量）

（4）“123”　　（不合法，“”是全角字符）

（5）False　　（合法，逻辑型常量）

（6）"2006/12/01"　　（合法，字符型常量）

（7）01/02/2007　　（不合法，是一个算术表达式）

（8）“AB” + “CD”　　（不合法，“”是全角字符，且是一个字符表达式）

（9）206+12　　（不合法，是一个算术表达式）

4. 指出下列变量的类型。

（1）Dim k1 As Single　　（单精度型局部变量）

（2）Public MyVar1　　（变体型全局变量）

（3）Private a1 As Integer　　（整型窗体变量或模块变量）

（4）Dim a1$,T2%　　（a1 是字符型局部变量，T2 是整型局部变量）

（5）Private a1, a2 As Integer　　（a1，a2 是整型窗体变量或模块变量）

5. 计算下列函数值。

（1）Sqr(4 + 3 * 7)　　（5）

（2）Int(123.9)　　（123）

（3）Abs(-4.6)　　（4.6）

（4）Mid$("abcdABCD", 5, 4)　　（ABCD）

（5）Len("人民邮电出版社")　　（7）

（6）Asc(Chr(100))　　（100）

（7）DateDiff("D", #3/25/2006#, #10/30/2006#)　　（219）

（8）IsNumeric("ABC")　　（False）

（9）Chr(78)　　（N）

（10）Str(239.4)　　（239.4）

6. 已知 Na=100，nb=56，Sa$="Visual Basic"，Da = #3/15/2004 8:15:03 PM#，Sb$="程序设计"，La=True，计算下列表达式的值。

（1）Right(Sa$, 5) + Space(5) + Left(Sb$, 2)　　（Basic 程序）

（2）Sb & Str(Na) & "　分"　　（程序设计 100 分）

（3）Year(Da) & Month(Da) & Day(Da)　　（2004315）

（4）Na + Nb > 200 And Sqr(Na) > 10 Or la　　（True）

（5）Len(Sa) = 12 And Not la And Na = 100　　（False）

7. 将下列代数式写成 Visual Basic 的算术表达式。

（1）$\sin^2(\sqrt{20+a(\sqrt[4]{ab+1}}))$

答：Sin(Sqr(20 + a * (a * b + 1)^(1/4)))^2

（2）15abc+($abc^{3\sqrt{a+b+c}}$)

答：15 * a * b * c + (a * b * c ^ ((a + b + c) * (1 / 3)))

（3）$\left|\sqrt{x^2-y^2}\right|\dfrac{\sin 45°}{\dfrac{x}{y}}$

答：Abs(Sqr(x * x – y * y)) * (Sin(45 * 3.14159 / 180) / (x / y))

（4）$\dfrac{x+y}{xy-\sqrt{1-a^2}}$

答：（x + y）/ (x * y – Sqr(1 – a^2))

（5）$9e^a\sqrt{a^5}\ \ln a^2$

答：9 * Exp(a^(5 / a)) * Log(a^2)

8. 将下列 Visual Basic 的算术表达式写成代数式。

（1）Sqr(Exp(7)+Sin(30*3.14/180))　　$\sqrt{e^7+\sin 30^\circ}$

（2）Log(Sqr(X*X+Y*Y))/Sqr(X^5+X^6)　　$\dfrac{\ln\sqrt{x^2+y^2}}{\sqrt{x^5+y^6}}$

（3）Exp(Abs(5+8))　　$e^{|5+8|}$

（4）(Sin(X)^2+Cos(Y)^2)/(X+Y)　　$\dfrac{\sin^2 x+\cos^2 y}{x+y}$

（5）Abs(Sin(X)+Cos(X))/ Sin(X)+Cos(X)　　$\dfrac{|\sin x+\cos x|}{\sin x}+\cos x$

习题3

面向对象程序设计基础

1. 回答下列问题。

（1）解释对象、类、属性、事件和方法。

① 对象（Object）是现实世界中某个客观存在的事物，它可以是有形的，也可以是无形的。

② 类（Class）就是同类对象的属性和行为特征的抽象描述。

③ 属性（Attribute）是用来描述对象静态特征的数据项。

④ 事件（Event）就是每个对象可能用于识别和响应的某些行为和动作。

⑤ 方法（Method）是附属于对象的行为和动作，也可以将其理解为指示对象动作的命令。

（2）对象的3个要素是什么？

属性、事件和方法。

（3）在Visual Basic系统中，如何创建一个工程？

方法一：启动Visual Basic系统直接创建工程。

方法二：在Visual Basic系统菜单下选择"文件"→"新建工程"命令来创建工程。

（4）简述在Visual Basic系统中保存工程的步骤。

在窗体、模块等文件已保存的情况下，在Visual Basic系统菜单下，依次选择"文件"→"保存工程"命令，可保存工程。

（5）简述在Visual Basic系统中如何设置对象的属性。

在"工程设计"窗口中打开"属性"窗口有以下几种方法。

① 在"工程设计"窗口中，依次选择"视图"→"属性窗口"命令，打开"属性"窗口。

② 在"工程设计"窗口中选中要设计属性的对象，然后单击鼠标右键，打开快捷菜单，选择"属性窗口"命令，打开"属性"窗口。

③ 在"工程设计"窗口中选中设计属性的对象，单击工具栏中的 按钮，打开"属性"窗口。

2. 编写程序。

（1）设计一个窗体，当在窗体界面内单击时，通过标签控件显示"快乐、轻松学Visual Basic"，当单击"退出"按钮时，结束程序运行，如图2-3-1所示。

图2-3-1　输出字符串

操作步骤如下。

① 创建一个窗体，参照图 2-3-1 添加所需的控件。

② 打开“属性”窗口，设置窗体及控件的属性。

③ 打开“代码设计”窗口，设计窗体及控件事件代码。

Cmd1_Click()事件代码如下：

```
Private Sub Cmd1_Click()
    End
End Sub
```

④ 运行程序，结果如图 2-3-1 所示。

⑤ 保存窗体，保存工程。

（2）设计一个窗体，打开窗体时，标签背景是黑色的，前景显示“这里的世界真奇妙!”；当单击“红”按钮时，标签前景显示红色；当单击“黄”按钮时，标签前景显示黄色；当单击“退出”按钮时，结束程序运行，如图 2-3-2 所示。

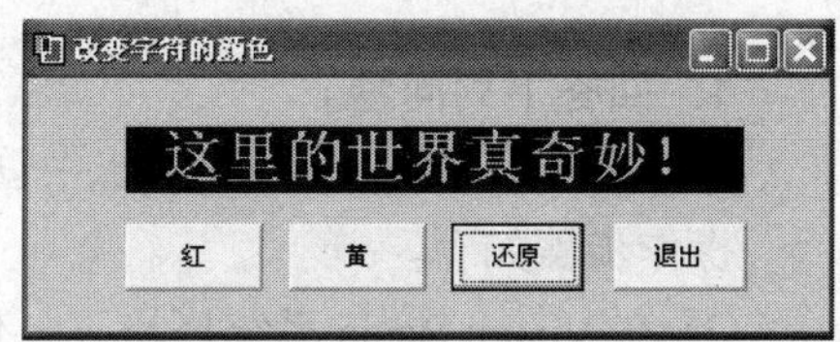

图 2-3-2　改变字符的颜色

操作步骤如下。

① 创建一个窗体，参照图 2-3-2 添加所需的控件。

② 打开“属性”窗口，设置窗体及控件的属性。

③ 打开“代码设计”窗口，设计窗体及控件事件代码。

Cmd1_Click()事件代码如下：

```
Private Sub cmd1_Click()
    Lbl1.ForeColor = QBColor(12)
End Sub
```

Cmd2_Click()事件代码如下：

```
Private Sub cmd2_Click()
     Lbl1.ForeColor = QBColor(14)
End Sub
```

Cmd3_Click()事件代码如下：

```
Private Sub cmd3_Click()
        Lbl1.ForeColor = QBColor(7)
End Sub
```

Cmd4_Click()事件代码如下：

```
Private Sub Cmd4_Click()
        End
End Sub
```

④ 运行程序，结果如图 2-3-2 所示。

⑤ 保存窗体，保存工程。

习题 4
窗体及基本的内部控件

1. 回答下列问题。

(1) 简述在 Visual Basic 系统中创建一个窗体的步骤。

操作步骤如下。

① 在 Visual Basic 系统环境下，依次选择"文件"→"新建工程"命令，打开"新建工程"对话框。

② 在"新建工程"对话框中单击"确定"按钮，打开"工程设计"窗口。

③ 在"工程设计"窗口中，首先设计窗体的属性，然后打开"工具箱"窗口给窗体添加控件，再依次设计每个控件的属性。

④ 在"工程设计"窗口中，依次选择"视图"→"代码窗口"命令，打开"代码"窗口，设计命令按钮控件的事件代码启动 Visual Basic 系统程序。

⑤ 在 Visual Basic 系统菜单下，依次选择"文件"→"保存窗体"命令，将所建的窗体保存在指定的磁盘、指定文件夹中。

⑥ 在 Visual Basic 系统菜单下，依次选择"文件"→"保存工程"命令，将所建的 Visual Basic 程序保存在指定的磁盘、指定文件夹中。

⑦ 在 Visual Basic 系统菜单下，依次选择"运行"→"启动"命令，运行 Visual Basic 程序。

(2) 要对窗体 BackColor 和 Picture 属性进行设置，哪个优先?

Picture 属性优先。

(3) 简述输入对话框和输出对话框的功能。

输入对话框的功能是产生一个对话框，通过对话框用户可以输入数据，并返回所输入的内容，函数返回值是字符类型。

输出对话框的功能是执行 MsgBox()函数，中断程序运行，屏幕上弹出一个对话框，用户可通过对话框中的命令按钮控制程序的执行，函数返回值是整数。

(4) 简述 MsgBox()函数和 MsgBox()过程的区别。

MsgBox()函数只是语句的一个成分，不能独立存在，但它能提供一个函数返回值，对程序控制非常有用。MsgBox()过程可独立存在，它同样可根据系统变量提供返回值，控制程序运行。

(5) 标签控件与文本框控件主要的不同之处是什么?

标签控件只能输出文本信息，其内容通过控件的 Caption 属性值显示；

文本控件既可以输出文本信息，也可以输入文本信息，其内容通过控件的 Text 属性值体现。

2. 判断下列语句、方法的对错，并说明原因。

(1) Frm1.Print a=Sqr (2*2)，错误，Print 语句和"="语句要用";"隔开。

（2）No.=InputBox "请输入证书编号","学历查询系统",,1000,1000，错误，变量 No.命名不合法。

（3）Frm1.BackColor = QBColor(10)，正确。

（4）Cmd1.Show，错误，命令按钮控件没有 Show 方法。

（5）Lbl1.Alignment = "居中"，错误，标签的 Alignment 属性值只能是 0，1，2。

3. 编写程序。

（1）设计一个窗体，显示距 2008 年北京奥运会开幕的日期。程序的运行结果如图 2-4-1 所示。

操作步骤如下。

① 创建一个窗体，参照图 2-4-1 添加所需的控件。

② 打开“属性”窗口，设置窗体及控件的属性。

③ 打开“代码设计”窗口，设计窗体及控件事件代码。

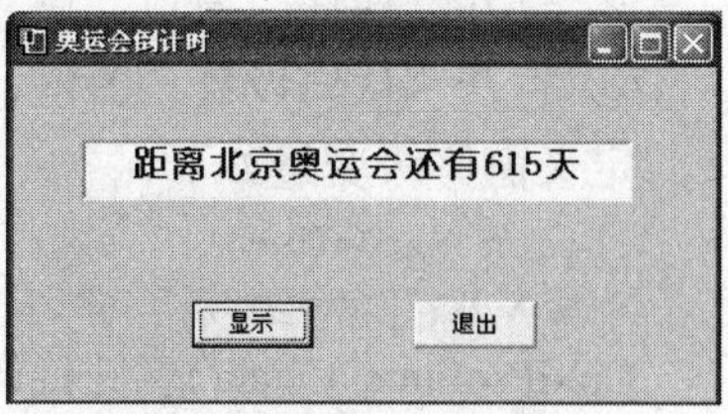

图 2-4-1　奥运会倒计时

CmdShow_Click()事件代码如下：

```
Private Sub CmdShow_Click()
    'Date 为当前日期函数，用于进行日期的计算
    Txt.Text = "距离北京奥运会还有" & #8/8/2008# - Date & "天"
    Beep     '使计算机发声
End Sub
```

CmdExit_Click()事件代码如下：

```
Private Sub CmdExit_Click()
    End    '退出运行的程序
End Sub
```

④ 运行程序，结果如图 2-4-1 所示。

⑤ 保存窗体，保存工程。

（2）设计一个窗体，实现两个变量的数据交换。程序的运行结果如图 2-4-2 所示。

操作步骤如下。

① 创建一个窗体，参照图 2-4-2 添加所需的控件。

② 打开“属性”窗口，设置窗体及控件的属性。

③ 打开“代码设计”窗口，设计窗体及控件事件代码。

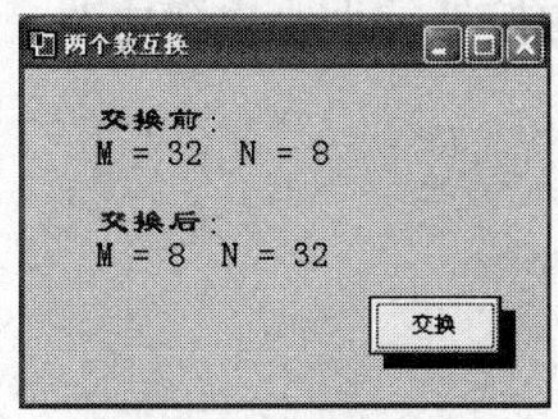

图 2-4-2　两个数互换

CmdShow_Click()事件代码如下：

```
Private Sub CmdSwap_Click()
    Dim M As Integer, N As Integer, T As Integer
     '交换前
    M = 32
    N = 8
    Print
    Print Tab(5); "交换前: "
    Print Tab(5); "M = " & M & "  " & "N = " & N
    '交换
    T = M
    M = N
    N = T
    Print
    Print Tab(5); "交换后: "
    Print Tab(5); "M = " & M & "  " & "N = " & N
End Sub
```

④ 运行程序，结果如图 2-4-2 所示。

⑤ 保存窗体，保存工程。

（3）设计一个窗体，利用随机函数产生在指定区间内的 3 个随机数字。程序的运行结果如图 2-4-3 所示。

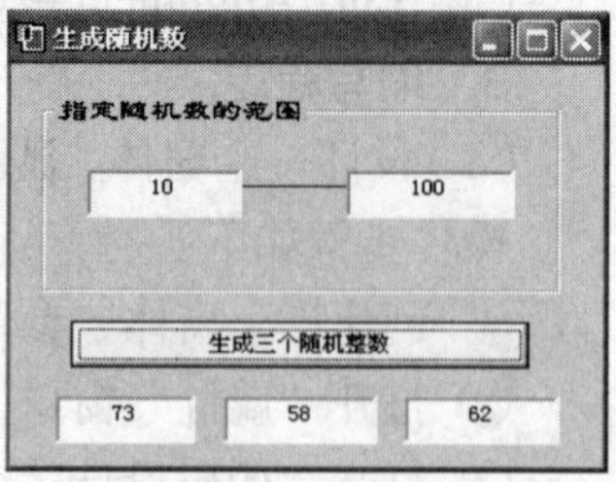

操作步骤如下。

① 创建一个窗体，参照图 2-4-3 添加所需的控件。

② 打开“属性”窗口，设置窗体及控件的属性。

③ 打开“代码设计”窗口，设计窗体及控件事件代码。

图 2-4-3 生成随机数

定义窗体级变量如下：

```
Option Explicit
Dim X As Integer, Y As Integer
```

CmdProduce_Click()事件代码如下：

```
Private Sub CmdProduce_Click()                                '确定范围
        X = Val(TxtNumup.Text)
        Y = Val(TxtNumdown.Text)
        '生成随机数
        TxtNum1.Text = Int(Rnd() * (Y - X) + X)
        TxtNum2.Text = Int(Rnd() * (Y - X) + X)
        TxtNum3.Text = Int(Rnd() * (Y - X) + X)
End Sub
```

④ 运行程序，结果如图 2-4-3 所示。

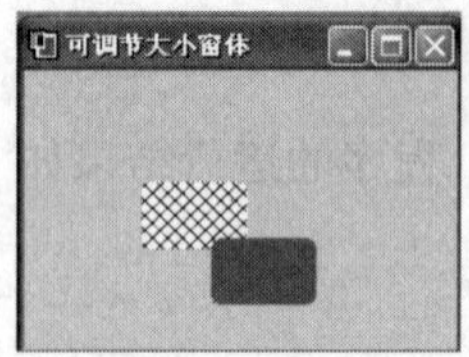

图 2-4-4 调节窗体

⑤ 保存窗体，保存工程。

（4）设计一个窗体，在调节窗体的同时，窗体内控件的大小也随之改变。程序的运行结果如图 2-4-4 所示。

操作步骤如下。

① 创建一个窗体，参照图 2-4-4 添加所需的控件。

② 打开“属性”窗口，设置窗体及控件的属性。

③ 打开“代码设计”窗口，设计窗体及控件事件代码。

Form_Load()事件代码如下：

```
Private Sub Form_Load()
    Me.Width = 4000
    ShpLeft.Width = Me.ScaleWidth * 0.25
    ShpRed.Width = Me.ScaleWidth * 0.25
    ShpLeft.Height = Me.ScaleHeight * 0.25
    ShpRed.Height = Me.ScaleHeight * 0.25
    ShpLeft.Left = Me.ScaleWidth * 0.27
    ShpRed.Left = Me.ScaleWidth * 0.43
    ShpLeft.Top = Me.ScaleHeight * 0.5
    ShpRed.Top = Me.ScaleHeight * 0.7
End Sub
```

Form_Resize()事件代码如下：

```
Private Sub Form_Resize()
    ShpLeft.Width = Me.ScaleWidth * 0.25
    ShpRed.Width = Me.ScaleWidth * 0.25
    ShpLeft.Height = Me.ScaleHeight * 0.25
    ShpRed.Height = Me.ScaleHeight * 0.25
```

```
    ShpLeft.Left = Me.ScaleWidth * 0.27
    ShpRed.Left = Me.ScaleWidth * 0.43
    ShpLeft.Top = Me.ScaleHeight * 0.4
    ShpRed.Top = Me.ScaleHeight * 0.6
End Sub
```

④ 运行程序，结果如图 2-4-4 所示。

⑤ 保存窗体，保存工程。

习题 5 程序控制结构

1. 回答下列问题。

（1）举例说明主要的分支结构语句有几种。

有 3 种，它们分别是：

① 单路分支结构语句，例如：

```
'i 若大于 3，则输出其变量值
If i > 3 Then
      Print i
   End If
```

② 双路分支结构语句，例如：

```
'i 若小于 3，则直接输出其变量值，否则输出 i + 1 的值
If i < 3 Then
   Print i
Else
   Print i + 1
End If
```

③ 多路分支结构语句，Select Case 语句。

```
'i 若等于 1 则输出 1，i 若等于 2 则输出 2，i 若等于 3 则输出 3
Select Case i
  Case 1
     Print 1
  Case 2
     Print 2
  Case Else
     Print 3
End Select
```

（2）举例说明主要的循环结构语句有几种。

有 5 种，以下是 3 种常用的循环语句：

① For 语句，例如：

```
'循环输出 i 的值（1～10）
For i = 1 To 10
   Print i
Next i
```

② While 语句，例如：

```
'循环输出 i 的值（1～17）
i = 0
While i < 16
```

```
    i = i + 1
    Print i
Wend
```

③ Do 语句，例如：

```
'循环输出 i 的值（1~17）
i = 0
Do While i < 16
    i = i + 1
  Print i
Loop
```

（3）循环结构语句的功能可以使用什么控件替代？它们各有什么优点？

可以用“时钟”控件实现循环操作。

“时钟”控件的优点：一是可以控制循环，二是可以指定循环操作的时间间隔。

循环结构语句的优点：可以控制循环，还可以实现循环计算等，其结构较为明晰。

（4）在 For 语句中，如何计算循环次数？

用循环计数器<循环变量>来控制<循环体>内语句的执行次数。

（5）分支结构语句和循环结构语句在程序中的作用是什么？

分支结构语句可以解决分类、判断和选择的操作。

循环结构语句则能使某些语句或程序段重复执行若干次，如果某些语句或程序段需要在一个固定的位置上重复操作，使用循环语句是最好的选择。

2. 指出下列语句的错误。

（1）窗体中有一个命令按钮，其 Click 事件代码如下：

```
Private Sub Cmd1_Click()
    Dim x As Integer
    x = 5
    If x >= 0 Then x ^ 2
End Sub
```

答：If x >= 0 Then x ^ 2 错误，因为 x ^ 2 不是语句。

（2）窗体中有一个命令按钮，其 Click 事件代码如下：

```
Option Explicit
Private Sub Cmd1_Click()
    x = 5
    If x >= 0 Then x = x + 5
    Print x
End Sub
```

答：因为有 Option Explicit 语句，所以 x 要先说明才可使用。

（3）窗体中有一个命令按钮，其 Click 事件代码如下：

```
Private Sub Cmd1_Click()
    Dim k As Integer, s As Integer, i As Integer
    s = 0
    k = 0
    For i = 1 To 100
    If (i Mod 7) = 0 Then
    k = k + 1
    s = s + i
    Next i
    End If
    Print k, s
```

```
End Sub
```

答：For 和 If 嵌套结构有错误。

（4）窗体中有一个命令按钮，其 Click 事件代码如下：

```
Private Sub Cmd1_Click()
    Dim x As Integer, y As Integer, s As Integer, i As Integer
    Dim t As Single
    i = 0
    x = 1
    y = 2
    Do While i <= 10
        s = s + y / x
        t = y
        y = x + y
        x = t
    Loop
    Print s
End Sub
```

答：x，t 类型不匹配。

（5）窗体中有一个命令按钮，其 Click 事件代码如下：

```
Private Sub Cmd1_Click()
    Dim i As Integer, j As Integer, k As Integer, x As Integer
    For i = 1 To 10
        For j = 1 To 10
        For k = 1 To 10
        x = x + 1
        Next j
        Next i
    Next k
End Sub
```

答：For 嵌套结构有错误。

3. 编写程序。

（1）输出任意 10 个数中最大的数。

设计一个窗体，在输入对话框中依次输入 10 个整数，程序运行结果如图 2-5-1 所示。

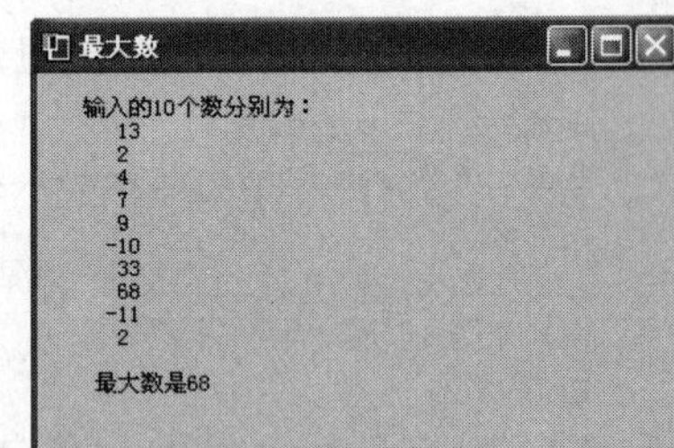

图 2-5-1　最大数

操作步骤如下。

① 窗体及控件属性参照图 2-5-1 设计。

② 打开“代码设计”窗口，输入程序代码。

Form_Load()事件代码如下：

```
Private Sub Form_Load()
    Dim a As Integer
    Dim max As Integer
    Dim i As Integer
    max = -32768
    Frm.Show
    Print
    Print "    输入的十个数分别为："
    For i = 1 To 10
        a = InputBox("请输入第" & i & "个数", "输入", , 2800, 2800)
        Print "      "; a
        If a > max Then
```

```
            max = a
        End If
    Next i
    Print
    Print "    最大数是" & max
End Sub
```

③ 保存窗体，运行程序，结果如图 2-5-1 所示。

（2）输出任意 N 个数中大于零的个数、偶数的个数、奇数的个数。

设计一个窗体，输入 N 的值，再输入 N 个整数，程序运行结果如图 2-5-2 所示。

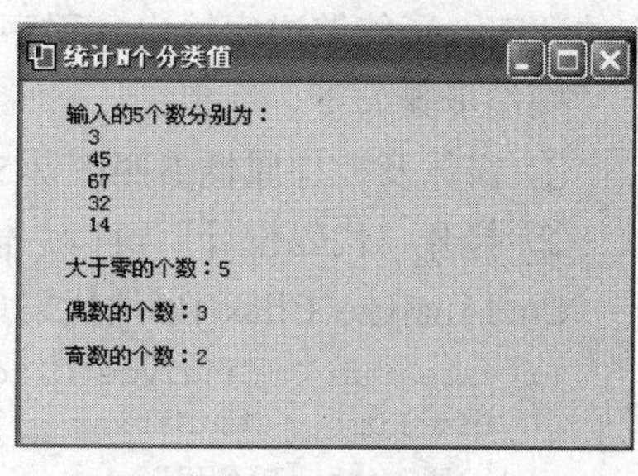

图 2-5-2　输出结果

操作步骤如下。

① 窗体及控件属性参照图 2-5-2 设计。

② 打开“代码设计”窗口，输入程序代码。

Form_Load()事件代码如下：

```
Private Sub Form_Load()
    Dim N As Integer
    Dim a As Integer
    Dim i As Integer
    Dim pos_num As Integer '大于零的数的个数
    Dim eve_num As Integer '偶数个数
    Dim odd_num As Integer '奇数个数
    '赋初始值
    pos_num = 0
    odd_num = 0
    eve_num = 0
    Frm.Show
    N = InputBox("请输入N", "输入", , 2800, 2800)
    Print
    Print "    输入的" & N & "个数分别为: "
    For i = 1 To N
        a = InputBox("请输入第" & i & "个数", "输入", , 2800, 2800)
        Print "    "; a
        '大于零
        If a > o Then
            pos_num = pos_num + 1
        End If
        '奇数，偶数
        If a Mod 2 = 0 Then
            odd_num = odd_num + 1
        Else
            eve_num = eve_num + 1
        End If
    Next i
    Print
    Print "    大于零的个数: " & pos_num
    Print
    Print "    偶数的个数: " & eve_num
    Print
```

```
    Print "    奇数的个数：" & odd_num
End Sub
```

③ 保存窗体，运行程序，结果如图 2-5-2 所示。

（3）设计一个窗体，进行数字分析，在文本框内输入一个数字，当单击“分析”按钮时，输出数字的位数，并输出各个位对应的数字，还能够逆序输出。程序运行结果如图 2-5-3 所示。

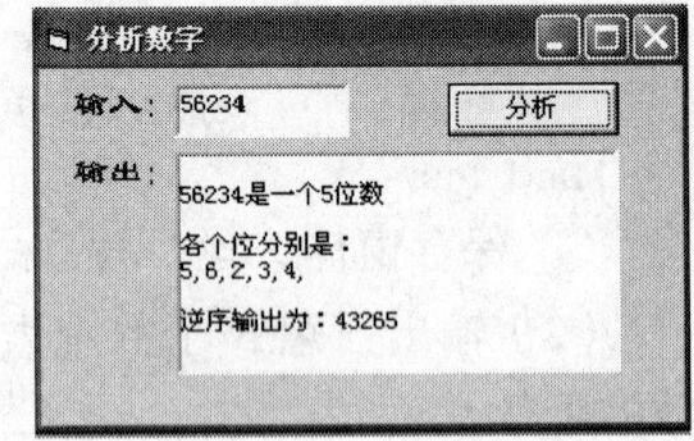

图 2-5-3　分析数字

操作步骤如下。

① 窗体及控件属性参照图 2-5-3 设计。

② 打开“代码设计”窗口，输入程序代码。

CmdAnalyze_Click()事件代码如下：

```
Private Sub CmdAnalyze_Click()
    Dim Number As String
    Dim i As Integer
    PicOutput.Cls
    Number = TxtInput.Text
    PicOutput.Print
    PicOutput.Print Number & "是一个" & Len(Number) & "位数"
    PicOutput.Print
    PicOutput.Print "各个位分别是：";
    PicOutput.Print
    For i = 1 To Len(Number)
        PicOutput.Print Mid(Number, i, 1) & ",";
    Next i
    PicOutput.Print
    PicOutput.Print
    PicOutput.Print "逆序输出为：";
    For i = Len(Number) To 1 Step -1
        PicOutput.Print Mid(Number, i, 1);
    Next i
End Sub
```

③ 保存窗体，运行程序，结果如图 2-5-3 所示。

（4）设计一个窗体，当单击“显示”按钮时，程序运行结果如图 2-5-4 所示。

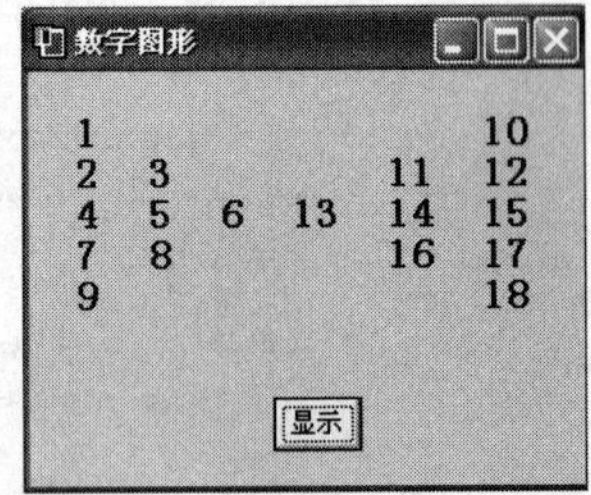

图 2-5-4　数字图形

操作步骤如下。

① 窗体及控件属性参照图 2-5-4 设计。

② 打开“代码设计”窗口，输入程序代码。

CmdDisplay_Click()事件代码如下：

```
Private Sub CmdDisplay_Click()
    m = 1
    Print
    For i = 1 To 3
        m = m + i - 1
        Print Tab(2);
        For j = 1 To i
            Print m + j - 1;
        Next j
        Print Spc((3 - i) * 7);
        For j = 1 To i
```

```
            Print m + j + 8;
        Next j
        Print
    Next i
    For i = 2 To 1 Step -1
        m = m + i + 1
        Print Tab(2);
        For j = 1 To i
            Print m + j - 1;
        Next j
        Print Spc((3 - i) * 7);
        For j = 1 To i
            Print m + j + 8;
        Next j
        Print
    Next i
End Sub
```

③ 保存窗体，运行程序，结果如图 2-5-4 所示。

（5）已知有 5 位学生参加“英语”、“高数”、“马列”3 门课程的考试，成绩如表 2-5-1 所示。

表 2-5-1　　某学期学生考试成绩

学号	英语	高数	马列
1	78	67	90
2	90	89	87
3	67	67	89
4	89	95	76
5	90	89	91

设计一个窗体，输出“英语”、“高数”、“马列”3 门课程的平均分，以及每位学生的平均分。当单击“成绩录入”按钮时，一边输入成绩，一边计算平均分。程序运行结果如图 2-5-5 所示。

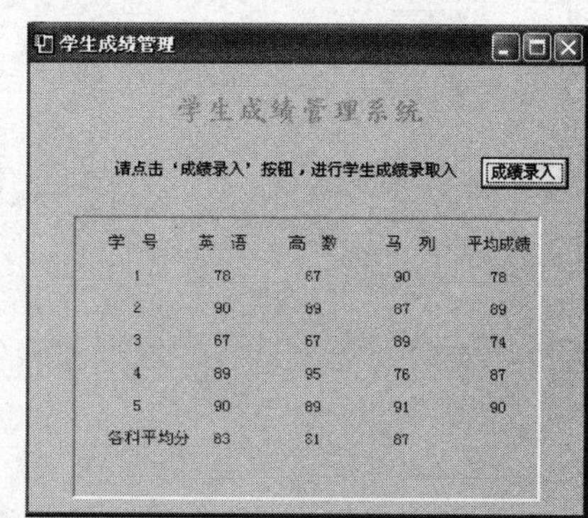

图 2-5-5　学生成绩管理

操作步骤如下。

① 窗体及控件属性参照图 2-5-5 设计。

② 打开“代码设计”窗口，输入程序代码。

Form_Load 事件代码如下：

```
Private Sub Form_Load()
    Pic1.AutoRedraw = True
    End Sub
    Private Sub Cmd1_Click()
    Dim score As Integer '存放成绩
    Dim i As Integer
    Dim j As Integer
    course(1) = "英语"
    course(2) = "高数"
    course(3) = "马列"
    output = Space(5) + "学  号" + Space(5) + "英  语" + Space(5) + "高  数" + Space(5)
+ "马  列" + Space(5) + "平均成绩" + Chr(10)
    For i = 1 To 5 '输入 5 个同学的成绩
        output = output + Chr(10) + Space(8) + CStr(i)
```

```
        For j = 1 To 3 '三门课程的成绩
            score = InputBox("请输入第" + CStr(i) + "个同学的" + course(j) + "科目成绩：
", 输入成绩) '输入成绩
            sum1(i) = sum1(i) + score '计算每个学生的总分
            sum2(j) = sum2(j) + score '计算每门课程的总分
            output = output + Space(9) + CStr(score)
        Next
        aver1(i) = sum1(i) / 3 '每个学生的平均分
        output = output + Space(10) + CStr(aver1(i)) + Chr(10)
    Next
    aver2(1) = sum2(1) / 5
    aver2(2) = sum2(2) / 5
    aver2(3) = sum2(3) / 5
    output = output + Chr(10) + Space(4) + "各科平均分" + Space(4) + CStr(aver2(1)) +
Space(9) + CStr(aver2(2)) + Space(9) + CStr(aver2(3))
    Pic1.Print
    Pic1.Print output
End Sub
```

③ 保存窗体，运行程序，结果如图 2-5-5 所示。

习题 6 数组及应用

1. 回答下列问题。

（1）什么是数组？

数组是一组有序基本类型变量的集合。

（2）声明数组能说明哪些信息？

数组声明就是对数组名、数组元素的数据类型、数组元素的个数进行定义。

（3）Option Base 语句的作用是什么？

设置数组的默认下标下界为 1。

（4）静态数组声明和动态数组声明的区别在哪里？

有以下不同点：

① 静态数组的名称、数组的维数、数组的大小、数组的类型必须先定义。

② 动态数组声明是指在声明数组时未给出数组大小（省略括号中的下标），当要使用动态数组时，随时用 ReDim 语句重新指出数组的大小。

（5）使用数组操作函数声明数组时要注意什么？

当使用 Split()函数时，分离出的数据要赋给已声明过的一维动态数组。Array()函数只能给动态数组赋值。

2. 指出下列有关数组操作语句的错误。

（1）Dim a(n)

答：Dim 定义数组的上界不能是变量。

（2）Dim a%(13+8) As Integer

答：Dim 定义数组的上界不能是表达式。

（3）Dim a(6)

```
For I = 1 To 10
   A(i)=I
Next I
```

答：当 I 超过 6 时，a(i)会越界。

（4）…

```
Dim A(10) As Integer
…
ReDim A
…
```

答：静态数组不能使用 ReDim 语句。

（5）…

```
Dim A(10), I As Integer
…
A = Array(1, 2, 3, 4, 5, 6, 7, 8, 9, 10)
…
```

答：使用 Array()函数赋值的数组一定要定义成动态数组。

3. 编写程序。

（1）设计一个窗体，输出 6 行 6 列的方阵，使下三角的元素为 1，其他元素为 0，添加一个“显示”命令按钮，当单击“显示”按钮时，程序运行结果如图 2-6-1 所示。

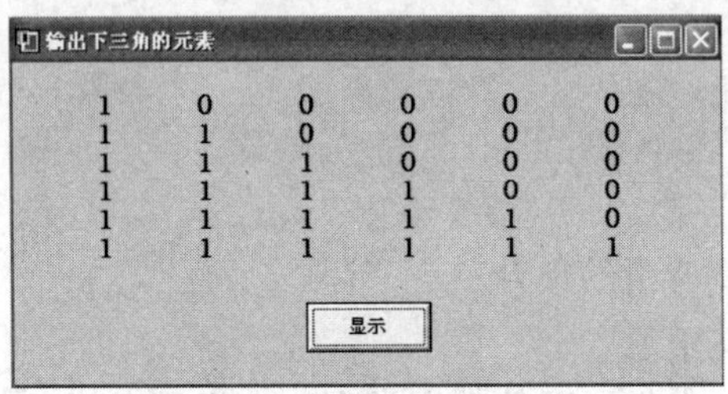

图 2-6-1　下三角为 1

操作步骤如下。

① 窗体及控件属性参照图 2-6-1 设计。

② 打开“代码设计”窗口，输入程序代码。

Cmd_Click()事件代码如下：

```
Private Sub Cmd_Click()
    Dim i As Integer
    Dim j As Integer
    Print
    For i = 1 To 6
        Print Spc(4);
        For j = 1 To 6
            If (i >= j) Then
                Print 1; Spc(3);
            Else
                Print 0; Spc(3);
            End If
        Next j
        Print
    Next i
End Sub
```

③ 保存窗体，运行程序，结果如图 2-6-1 所示。

（2）设计一个窗体，添加两个命令按钮，当单击“排序”按钮时，将文本框内的数字按从大到小的顺序显示出来。程序运行结果如图 2-6-2 所示。

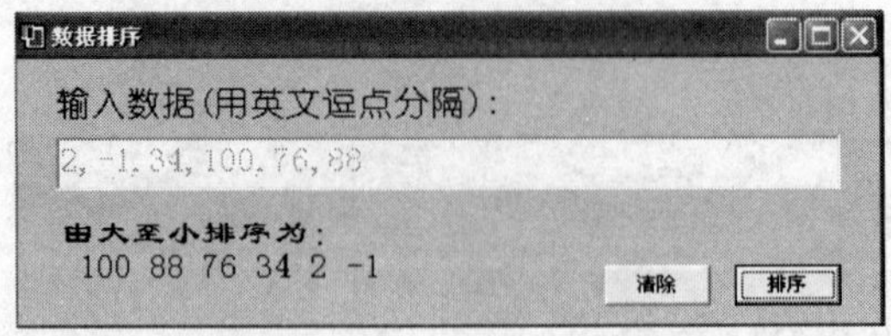

图 2-6-2　数据排序

操作步骤如下。

① 窗体及控件属性参照图 2-6-2 设计。

② 打开“代码设计”窗口，输入程序代码。

CmdOrder_Click()事件代码如下：

```
Private Sub CmdOrder_Click()
Dim A() As String, I As Integer, J As Integer, T As String, Str As String
    A = Split(TxtInput.Text, ",")
    '分离字符串并赋值给数组 a
    For I = 0 To UBound(A)                          '选择排序
        For J = I + 1 To UBound(A)
            If Val(A(I)) < Val(A(J)) Then
                T = A(I)
                A(I) = A(J)
                A(J) = T
            End If
        Next J
    Next I
    TxtInput.Enabled = False
LblOut.Caption = " 由大至小排序为: " + vbCr + vbLf & "   " + Join(A, " ")
End Sub
```

CmdCls_Click()事件代码如下：

```
Private Sub CmdCls_Click()
    TxtInput.Text = ""
    LblOut.Caption = ""
    TxtInput.Enabled = True
    TxtInput.SetFocus
End Sub
```

③ 保存窗体，运行程序，结果如图 2-6-2 所示。

（3）设计一个窗体，显示杨辉三角。程序运行结果如图 2-6-3 所示。

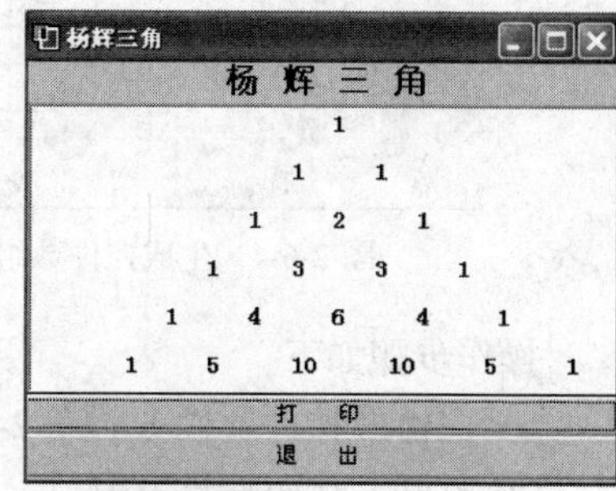

图 2-6-3　杨辉三角

操作步骤如下。

① 窗体及控件属性参照图 2-6-3 设计。

② 打开“代码设计”窗口，输入程序代码。

CmdShow_Click()事件代码如下：

```
Private Sub CmdShow_Click()
    Dim i As Integer, j As Integer
    Dim num(1 To 6, 1 To 6) As Integer
    For i = 1 To 6                                  '为数组中的各数赋值
        For j = 1 To i
            If j <> 1 And j <> i Then
            num(i, j) = yang(num(i - 1, j), num(i - 1, j - 1))
                '调用子函数
            Else
                num(i, j) = 1
            End If
        Next j
    Next i
    For i = 1 To 6                                  '在窗体中打印
    Print
```

```
    Print
    Print Tab(25 - 3 * i);
       For j = 1 To i
          Print num(i, j); Spc(3);
       Next j
    Next i
End Sub
```

Yang()函数代码如下：

```
Private Function yang(x As Integer, y As Integer) As Integer
    Dim sum As Integer
       sum = x + y
       yang = sum
    End Function
```

CmdQuit_Click()事件代码如下：

```
Private Sub CmdQuit_Click()
    End
End Sub
```

③ 保存窗体，运行程序，结果如图 2-6-3 所示。

（4）设计一个窗体，在窗体上生成一个控件数组，如图 2-6-4 所示。当单击控件时，改变对应控件的颜色，达到编辑字符的效果。程序运行结果如图 2-6-5 所示。

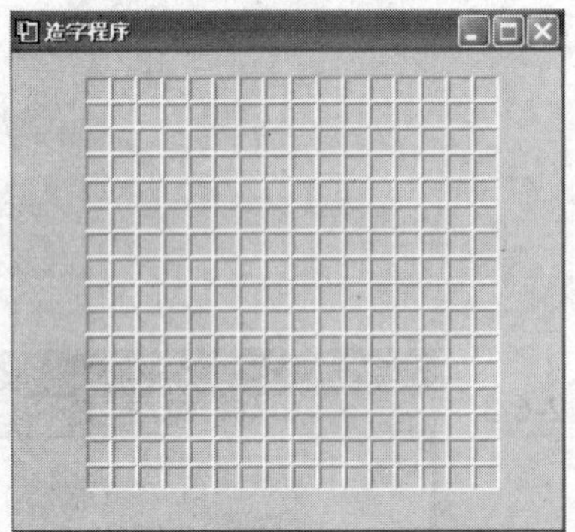

图 2-6-4　生成控件数组

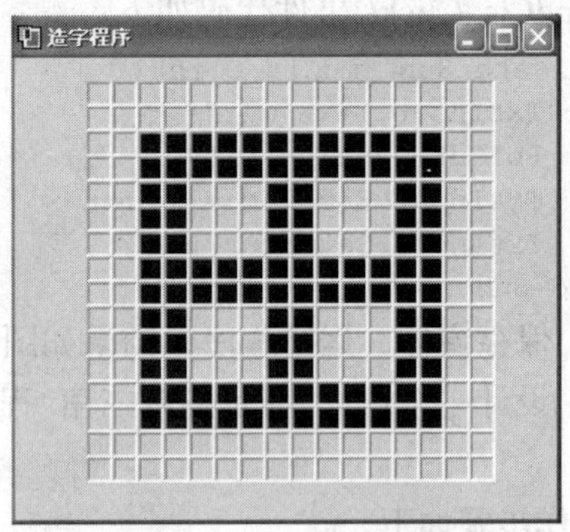

图 2-6-5　生成“田”字

操作步骤如下。

① 窗体及控件属性参照图 2-6-4 设计。

② 打开“代码设计”窗口，输入程序代码。

Form_Load()事件代码如下：

```
Private Sub Form_Load()                                    '生成编辑界面
    Dim i As Integer
    Dim j As Integer
    For i = 1 To 255                                       '生成控件数组
       Load lblPixel(i)
    Next i
    For i = 0 To 15                                        '设置各控件的位置
       For j = 0 To 15
          lblPixel(i * 16 + j).Left = lblPixel(0).Left + lblPixel(0).Width * i
          '设置位置
          lblPixel(i * 16 + j).Top = lblPixel(0).Top + lblPixel(0).Height * j
          lblPixel(i * 16 + j).Visible = True
```

```
            pixel(i, j) = 0                                         '设置对应的数组元素为0
        Next j
    Next i
End Sub
```

lblPixel_Click ()事件代码如下：

```
Private Sub lblPixel_Click(Index As Integer)                       '改变颜色
    If pixel(Int(Index / 16), Index Mod 16) = 0 Then
        '若点击的控件对应的数组元素为0则显示
        lblPixel(Index).BackColor = &H800000
        pixel(Int(Index / 16), Index Mod 16) = 1
    Else                                                            '否则恢复
        lblPixel(Index).BackColor = &HFFC0C0
        pixel(Int(Index / 16), Index Mod 16) = 0
    End If
End Sub
```

③ 保存窗体，运行程序，结果如图2-6-5所示。

习题 7 过程及应用

1. 回答下列问题。

（1）Private、Public 关键字定义的 Sub 过程有什么不同?

① 使 Private 关键字定义的 Sub 过程为局部过程，只能被定义它的模块中的其他过程调用。

② 使 Public 关键字定义的 Sub 过程为共有过程，可被任意过程调用。

（2）简述形参与实参的区别。

① 形参是指在定义通用过程时，出现在 Sub 或 Function 语句中过程名后面圆括号内的参数，用来接收传送给调用过程的数据。

② 实参是指在调用 Sub 或 Function 过程时，写入子过程名或函数名后括号内的参数，用来将数据（数值或地址）传送给 Sub 或 Function 过程对应的形式参数。

（3）使用 Call 语句和不使用 Call 语句调用 Sub 过程的差别是什么?

通常使用 Call 语句调用不带返回值的过程。在调用过程时不是必须使用 Call 语句，但使用该语句可以增强代码的可读性。

（4）按值传递参数和按地址传递参数有什么不同之处?

① 按值传递参数时，形参得到的是实参的值，形参值的改变不会影响实参的值，实际上是一种单向参数传递。

② 按地址传递参数时，形参得到的是实参的地址，当形参改变时，同时也改变实参的值，实际上是一种引用参数传递。实参是另一变量的别名。

（5）Function 过程与 Sub 过程有什么不同?

答:

① Sub 过程是通过形参和实参的传递得到结果，不返回值，结果过程是一个独立的语句。

② Function 过程通过形参与实参的传递得到结果，返回一个函数值，它不是一个独立的语句，只能是语句的成分。

2. 判断下列过程定义语句的正误。

（1）Private Sub A1(x())As Integer

答：错误，应改为 Private Sub A1(x())。

（2）Public Sub A1

答：错误，应改为 Private Sub A1()。

（3）Private Sub A1(x() As Integer)

答：正确。

（4）Private Function F1(a1 As Integer, b1 As Integer)

答：正确，但最好明确定义函数类型。

（5）Public Function F1(a1 As Integer, b1 As Integer) As Single

答：正确。

3. 已知 Public Function F(x1 As Integer,x2 As Integer) As Single 和 Private Sub S(x As Integer),判断下列调用过程语句的正误。

（1）a = S(b)　　　　（错误）。

（2）Call S b　　　　（错误）。

（3）S b　　　　（正确）。

（4）c= F(a, b)　　　　（正确）。

（5）F(a, b)　　　　（错误）。

4. 编写程序。

（1）计算 y 的值，$y=1+\frac{1}{1+2}+\frac{1}{1+2+3}+\cdots+\frac{1}{1+2+3+\cdots+9+10}$。设计一个窗体，添加一个“显示”命令按钮，当单击“显示”按钮时，程序运行结果如图 2-7-1 所示。

图 2-7-1　输出代数式的值

操作步骤如下。

① 窗体及控件属性参照图 2-7-1 设计。

② 打开“代码设计”窗口，输入程序代码。

定义窗体级函数代码如下：

```
Private Function Sum(i As Integer) As Integer
    Dim sum2 As Integer
    Dim j As Integer
    For j = 1 To i
        sum2 = sum2 + i
    Next j
    Sum = sum2
End Function
```

Cmd1_Click()事件代码如下：

```
Private Sub Cmd1_Click()
    Dim i As Integer
    Dim sum1 As Double
    For i = 1 To 10
        sum1 = sum1 + 1 / Sum(i)
    Next i
    Print
    Print "   y= "; sum1
End Sub
```

③ 保存窗体，运行程序，结果如图 2-7-1 所示。

（2）求 P 的值，$P=A!+B!+C!$ (A,B,C 是任意自然数)。设计一个窗体，添加一个“显示”命令按钮，当单击“显示”按钮时，程序运行结果如图 2-7-2 所示。

操作步骤如下。

① 窗体及控件属性参照图 2-7-2 设计。

② 打开“代码设计”窗口，输入程序代码。

定义窗体级函数代码如下：

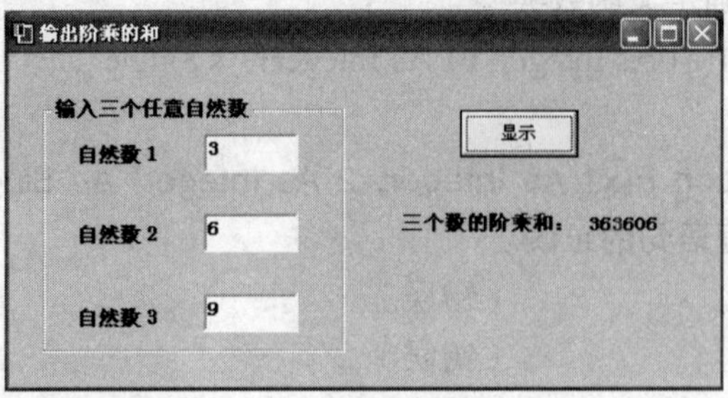

图 2-7-2　输出阶乘的和

```
Private Function jie(n As Long) As Double
    Dim i As Integer
    Dim mul As Double
    mul = 1
    For i = 1 To n
        mul = mul * i
    Next
    jie = mul
End Function
```

Cmd1_Click()事件代码如下：

```
Private Sub Cmd1_Click()
    Dim num1 As Long
    Dim num2 As Long
    Dim num3 As Long
    Dim sum As Double
    num1 = Val(Txt1.Text)
    num2 = Val(Txt2.Text)
    num3 = Val(Txt3.Text)
    sum = jie(num1) + jie(num2) + jie(num3)
    Lbl4.Caption = "三个数的阶乘和：" & Str(sum)
End Sub
```

③ 保存窗体，运行程序，结果如图 2-7-2 所示。

（3）在 10 个任意数中查找一个指定的数，若有则将其打印出来，否则告之无此数。设计一个窗体，添加一个“显示”命令按钮，当单击“显示”按钮时，程序运行结果如图 2-7-3 所示。

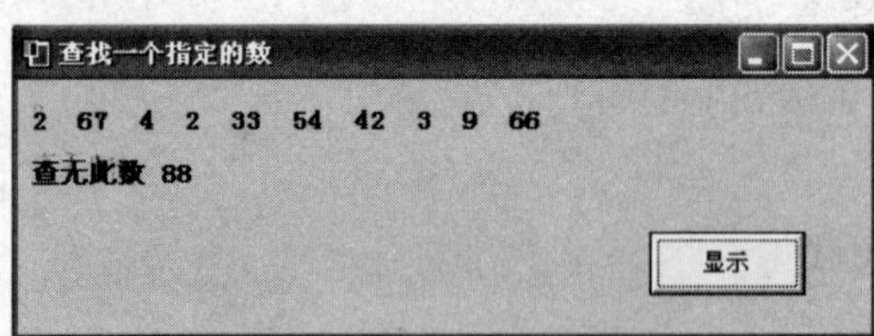

图 2-7-3　查找一个指定的数

操作步骤如下。

① 窗体及控件属性参照图 2-7-3 设计。

② 打开“代码设计”窗口，输入程序代码。

定义窗体级过程代码如下：

```
Private Sub inp(x As Integer, s() As Single)
```

```
    Print
    For i = 1 To x
        s(i) = InputBox("请输入10数,第" & CStr(i) & "个数为:", "输入")
        Print s(i);
    Next i
End Sub
```

Cmd1_Click()事件代码如下：

```
Private Sub Cmd1_Click()
    Dim a(10) As Single, ai As Single
    Dim i As Integer
    Dim findnum As Integer
    Call inp(10, a)
    findnum = InputBox("请输入要查找的数:", "输入")
    For i = 1 To 10
        If a(i) = findnum Then
            Print
            Print
            Print " "; a(i)
            Exit Sub
        End If
    Next i
    If i > 10 Then
        Print
        Print
        Print " 查无此数"; findnum
    End If
End Sub
```

③ 保存窗体，运行程序，结果如图 2-7-3 所示。

习题 8 常用的内部控件

1. 回答下列问题。

（1）图片框与图像框的不同之处是什么？

图片框是用来在窗体上显示图像，且可用于放置其他控件的容器控件。图像框是用于在窗体中显示图像的控件，它比图片框占用更小的内存，图像框对于所输出的图像尺寸变化较为灵活。另因图像框不是容器类控件，它不能保存其他控件。

（2）举例说明单选按钮和复选框在功能上的差异。

① 单选按钮用于控制在多个操作中只允许选择其一的操作。

② 复选框用于控制在多个操作中允许可任意选择多个的操作。

（3）列表框与组合框的共同之处是什么？

两者都是显示一个项目列表，供用户从中选择一个或多个项目。

（4）简述滚动条的 Change 事件和 Scroll 事件的区别。

当滚动条控件滚动时 Scroll 事件一直发生，而 Change 事件只是在滚动结束之后才发生一次。

（5）框架与图片框有什么异同？

框架和图片框都是容器类控件；图片框可以通过 Print 方法接收文本，或加载图形文件，而框架不能。

2. 编写程序。

（1）设计一个窗体，判断某个数是否为“守形数”，并把 1 到该数范围内的“守形数”显示出来。程序运行结果如图 2-8-1 所示。

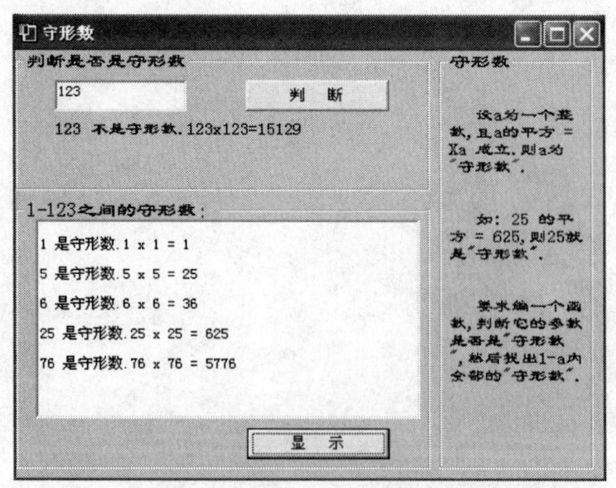

图 2-8-1　守形数

操作步骤如下。

① 窗体及控件属性参照图 2-8-1 设计。

② 打开“代码设计”窗口，输入程序代码。

定义窗体级变量如下：

```
Option Explicit
Dim Kz As Long
```

Check()过程代码如下：

```
Private Function Check(inputNum As Long) As Boolean
    Dim K As Long, L As Long
    Dim Tmp As String
    K = inputNum * inputNum
    L = Len(CStr(inputNum))
    If K Mod (10 ^ L) = inputNum Then
        Check = True
    Else
        Check = False
    End If
End Function
```

CmdCheckIt_Click()事件代码如下：

```
Private Sub CmdCheckIt_Click()
    If Check(Val(TxtInput.Text)) Then
        LblResult.Caption = TxtInput.Text & " 是守形数."
    Else
        LblResult.Caption = TxtInput.Text & " 不是守形数."
    End If
    LblResult.Caption = LblResult.Caption & TxtInput.Text & "x" & TxtInput.Text & "="
& TxtInput.Text * TxtInput.Text
    Kz = Val(TxtInput.Text)
End Sub
```

CmdCheckAll_Click()事件代码如下：

```
Private Sub CmdCheckAll_Click()
    FraAll.Caption = "1-" & TxtInput.Text & "之间的守形数："
    Dim I As Long
    For I = 1 To Kz
        If Check(I) Then
          LstAll.AddItem I & " 是守形数." & I & " x " & I & " = " & I * I
        End If
    Next I
End Sub
```

③ 保存窗体，运行程序，结果如图 2-8-1 所示。

（2）设计一个窗体，查询不同职业的招聘信息。程序运行结果如图 2-8-2 所示。

操作步骤如下。

① 窗体及控件属性参照图 2-8-2 设计。

② 打开“代码设计”窗口，输入程序代码。

Form_Load()事件代码如下：

```
Private Sub Form_Load()
    CboCareer.AddItem "编程技术人员"
    CboCareer.AddItem "网页设计人员"
```

```
    CboCareer.AddItem "美工"
End Sub
```

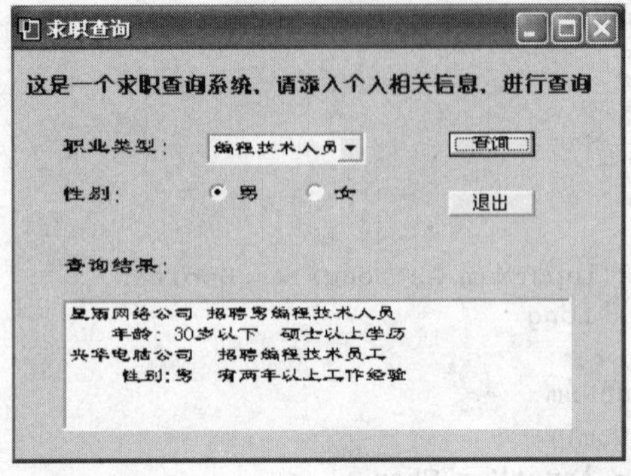

图 2-8-2 求职查询

CmdSearch_Click()事件代码如下：

```
Private Sub CmdSearch_Click()
    '当以在组合框中选中某个工作类型时，向 list 文本中添加对应信息
    LstResult.Clear
    If CboCareer.Text = "编程技术人员" And OptMale.Value = True Then
        LstResult.AddItem "星雨网络公司 招聘男编程技术人员"
        LstResult.AddItem "年龄：30 岁以下  硕士以上学历"
        LstResult.AddItem "兴华电脑公司  招聘编程技术员工"
        LstResult.AddItem "性别:男  有两年以上工作经验"
    End If
    If CboCareer.Text = "网页设计人员" And OptMale.Value = True Then
        LstResult.AddItem "星雨网络公司 招聘男网页设计人员"
        LstResult.AddItem "年龄：30 岁以下  硕士以上学历"
    End If
    If CboCareer.Text = "美工" And OptMale.Value = True Then
        LstResult.AddItem "对不起,暂时没有您搜索的信息"
    End If
    If CboCareer.Text = "编程技术人员" And OptFemale.Value = True Then
        LstResult.AddItem "瑞云电脑  招聘编程技术人员"
        LstResult.AddItem "性别:女 年龄:25 岁以下"
    End If
    If CboCareer.Text = "网页设计人员" And OptFemale.Value = True Then
        LstResult.AddItem "凌志网络公司  招聘网页设计人员"
        LstResult.AddItem "性别:女 年龄:25 岁以下"
    End If
    If CboCareer.Text = "美工" And OptFemale.Value = True Then
        LstResult.AddItem "凌志网络公司  招聘美工"
        LstResult.AddItem "性别:女 年龄:25 岁以下 有工作经验"
        LstResult.AddItem "星雨网络公司 招聘美工"
        LstResult.AddItem "性别:女 年龄:25 岁以下"
    End If
End Sub
```

CmdQuit_Click()事件代码如下：

```
Private Sub CmdQuit_Click()
    End
End Sub
```

③ 保存窗体，运行程序，结果如图 2-8-2 所示。

（3）设计一个窗体，让指定的符号串在图片中滚动，由滚动条控制符号串的滚动速度。程序运行结果如图 2-8-3 所示。

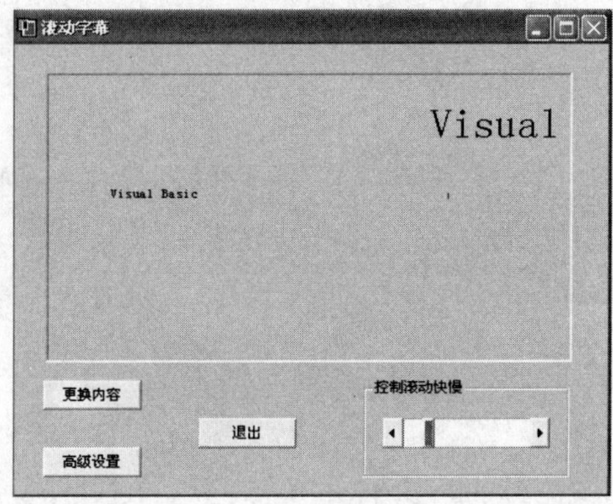

图 2-8-3　滚动字幕

操作步骤如下。

① 窗体及控件属性参照图 2-9-3 设计。

② 打开“代码设计”窗口，输入程序代码。

Cmd1_Click()事件代码如下：

```
Private Sub cmd1_Click()
    Unload Me
End Sub
```

Cmd2_Click()事件代码如下：

```
Private Sub Cmd2_Click()
    Lbl1.Caption = InputBox("字符串 1 的内容：")
    Lbl2.Caption = InputBox("字符串 2 的内容：")
End Sub
```

Cmd3_Click()事件代码如下：

```
Private Sub Cmd3_Click()
    optionbox.Show (vbModal)
End Sub
```

HS_Change()事件代码如下：

```
Private Sub HS_Change()
    Tmr.Interval = HS.Value
End Sub
```

Tmr_Timer()事件代码如下：

```
Private Sub Tmr_Timer()
    If Lbl1.Left < 0 Then
        Lbl1.Left = 5400
    End If
    If Lbl2.Left > 5400 Then
```

```
        Lbl2.Left = 0
    End If
    Call Lbl1.Move(Lbl1.Left - 200, Lbl1.Top)
    Call Lbl2.Move(Lbl2.Left + 200, Lbl2.Top)
End Sub
```

③ 保存窗体，运行程序，结果如图 2-8-3 所示。

习题 9 ActiveX 控件

1. 回答下列问题。

（1）什么是 ActiveX 控件？它能实现哪些功能？

ActiveX 控件是对基本内部控件的扩充，它支持设计工具栏、目录树、选项卡等常用界面，尤其是文件管理、多媒体技术、数据库技术应用，通常都依赖 ActiveX 控件才能得以实现。

（2）进度条与滑块有什么区别？

① 进度条控件是在进度栏中显示适当数目的矩形来指示工作进程，进程完成后，进程栏添满矩形。

② 滑块控件是在进度条中显示适当数目的刻度来指示工作进程，或通过人工移动滑块控制进程，滑块移动到刻度条最后，表明进程完成。

（3）设计窗体时使用选项卡控件有什么好处？

选项卡控件可用于设置包含多个选项卡的窗体界面，便于文件管理和操作。

（4）TreeView 控件有什么用途？

TreeView 控件用于创建具有节点层次风格的程序界面。

（5）ListView 控件有什么用途？

ListView 控件用来显示一列或多列项目列表。

2. 编写程序。

（1）设计一个窗体，利用进度条控件控制答题速度。程序运行结果如图 2-9-1 所示。

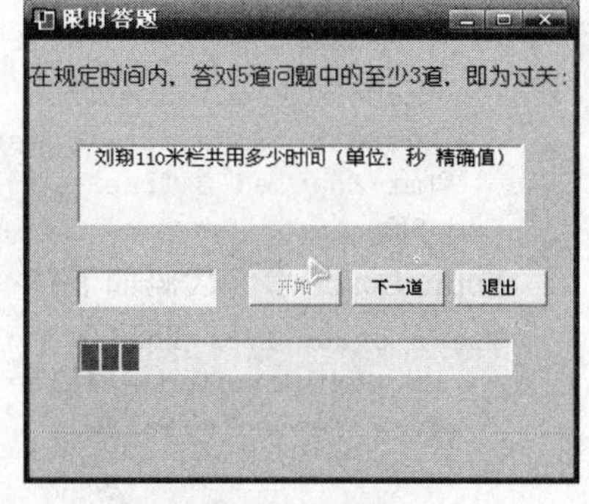

图 2-9-1　限时答题

操作步骤如下：

① 窗体及控件属性参照图 2-9-1 设计。

② 打开“代码设计”窗口，输入程序代码。

定义窗体级变量的代码如下：

```
Dim i As Integer, sum As Integer
```

Cmdnext_Click()事件代码如下：

```
Private Sub Cmdnext_Click()                                  '下一道题
    i = i + 1
    Select Case i                                            'i 不同，题目也不同
    Case 0
      TxtQuestion.Text = "刘翔 110 米栏共用多少时间（单位：秒 精确值）"
    Case 1
        TxtQuestion.Text = "朱穆朗马峰有多高（单位：米）"
```

```
    Case 2
        TxtQuestion.Text = "全球共有多少大洋"
    Case 3
        TxtQuestion.Text = "奥林匹克运动会哪一年在我国首都北京举行"
    Case 4
        TxtQuestion.Text = "我国共有多少个特别行政区"
    End Select
    Select Case i   '判断答案是否正确，如果对 sum 加 1
    Case 1
        If TxtAnswer.Text = "12.91" Then sum = sum + 1
    Case 2
        If TxtAnswer.Text = "8848" Then sum = sum + 1
    Case 3
        If TxtAnswer.Text = "4" Then sum = sum + 1
    Case 4
        If TxtAnswer.Text = "2008" Then sum = sum + 1
    Case 5
        If TxtAnswer.Text = "2" Then sum = sum + 1
    End Select
    TxtAnswer.Text = ""
    If i > 4 Or ProBar.Value = 100 Then CmdNext.Enabled = False
End Sub
```

Cmdquit_Click()事件代码如下：

```
Private Sub Cmdquit_Click()
    End
End Sub
```

Cmdstart_Click()事件代码如下：

```
Private Sub Cmdstart_Click()
    TxtQuestion.Text = "刘翔 110 米栏共用多少时间（单位：秒 精确值）"
    CmdNext.Enabled = True
    CmdStart.Enabled = False
    Tmr.Enabled = True
End Sub
```

Form_Load()事件代码如下：

```
Private Sub Form_Load()
    CmdNext.Enabled = False
    Tmr.Enabled = False
End Sub
```

Tmr_Timer()事件代码如下：

```
Private Sub Tmr_Timer()
    'ProBar1 控制时间,时间到统计答对的题目数,答对 3 道以上即为过关
    ProBar.Value = ProBar.Value + 10
    If ProBar.Value = 100 Then
        If sum >= 3 Then
            LblFinal.Caption = "恭喜你，过关了！！！"
        Else
            LblFinal.Caption = "抱歉，您没能过关"
        End If
        Tmr.Enabled = False
    End If
```

```
End Sub
```

③ 保存窗体，运行程序，结果如图 2-9-1 所示。

（2）设计一个窗体，利用列表视图、树视图进行数据浏览（查看不同班级的课程表）。程序运行结果如图 2-9-2 所示。

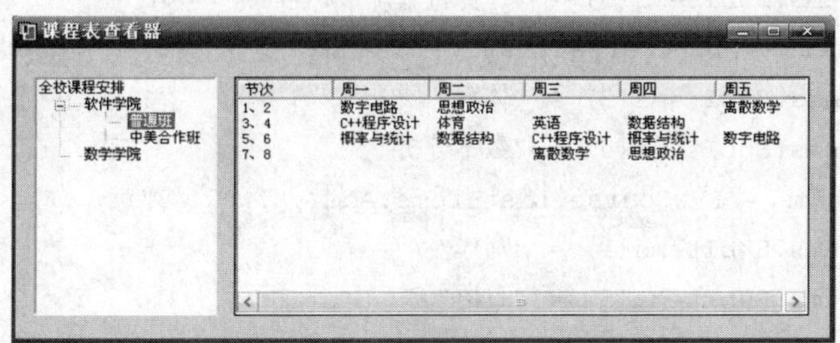

图 2-9-2 课程表查看器

操作步骤如下：

① 窗体及控件属性参照图 2-9-2 设计。

② 打开“代码设计”窗口，输入程序代码。

Form_Load()事件代码如下：

```
Private Sub Form_Load()
    '设定 TreeVieww 的显示
    Set nodex = TVwCourse.Nodes.Add(, , "全校课程安排", "全校课程安排")
    Set nodex = TVwCourse.Nodes.Add("全校课程安排", tvwChild, "软件学院", "软件学院")
    Set nodex = TVwCourse.Nodes.Add("全校课程安排", tvwChild, "数学学院", "数学学院")
    Set nodex = TVwCourse.Nodes.Add("软件学院", tvwChild, "普通班", "普通班")
    Set nodex = TVwCourse.Nodes.Add("软件学院", tvwChild, "中美合作班", "中美合作班")
    TVwCourse.Nodes(1).Expanded = True
    '设定 ListView 的基本显示
    Dim items As ListItems
    LVwCourse.View = lvwReport
    LVwCourse.ColumnHeaders.Add 1, "", "节次", 1200
    LVwCourse.ColumnHeaders.Add 2, "", "周一", 1200
    LVwCourse.ColumnHeaders.Add 3, "", "周二", 1200
    LVwCourse.ColumnHeaders.Add 4, "", "周三", 1200
    LVwCourse.ColumnHeaders.Add 5, "", "周四", 1200
    LVwCourse.ColumnHeaders.Add 6, "", "周五", 1200
End Sub
```

TVwCourse_NodeClick()事件代码如下：

```
Private Sub TVwCourse_NodeClick(ByVal Node As MSComctlLib.Node)
    LVwCourse.ListItems.Clear
    Select Case TVwCourse.SelectedItem.Index
        Case 3
            Set items = LVwCourse.ListItems.Add(, , "1、2")
                items.SubItems(1) = "计算机基础"
                items.SubItems(2) = "代数与几何"
                items.SubItems(3) = "英语"
                items.SubItems(4) = "数学分析"
```

```
            items.SubItems(5) = "英语"
        Set items = LVwCourse.ListItems.Add(, , "3、4")
            items.SubItems(1) = "代数与几何"
            items.SubItems(2) = "数学分析"
            items.SubItems(3) = "计算机基础"
        Set items = LVwCourse.ListItems.Add(, , "5、6")
            items.SubItems(2) = "体育"
            items.SubItems(5) = "数学分析"
        Set items = LVwCourse.ListItems.Add(, , "7、8")
            items.SubItems(1) = "写作"
            items.SubItems(5) = "日语"
    Case 4
        Set items = LVwCourse.ListItems.Add(, , "1、2")
            items.SubItems(1) = "数字电路"
            items.SubItems(2) = "思想政治"
            items.SubItems(5) = "离散数学"
        Set items = LVwCourse.ListItems.Add(, , "3、4")
            items.SubItems(1) = "C++程序设计"
            items.SubItems(2) = "体育"
            items.SubItems(3) = "英语"
            items.SubItems(4) = "数据结构"
        Set items = LVwCourse.ListItems.Add(, , "5、6")
            items.SubItems(1) = "概率与统计"
            items.SubItems(2) = "数据结构"
            items.SubItems(3) = "C++程序设计"
            items.SubItems(4) = "概率与统计"
            items.SubItems(5) = "数字电路"
        Set items = LVwCourse.ListItems.Add(, , "7、8")
            items.SubItems(3) = "离散数学"
            items.SubItems(4) = "思想政治"
    Case 5
        Set items = LVwCourse.ListItems.Add(, , "1、2")
            items.SubItems(3) = "Artificial Intelligence"
        Set items = LVwCourse.ListItems.Add(, , "3、4")
            items.SubItems(1) = "Artificial Intelligence"
            items.SubItems(2) = "Animation Design"
            items.SubItems(3) = "Multimedia Technology"
            items.SubItems(5) = "Multimedia Technology"
        Set items = LVwCourse.ListItems.Add(, , "5、6")
            items.SubItems(1) = "Data Mining"
            items.SubItems(3) = "Data Mining"
            items.SubItems(4) = "Animation Design"
        Set items = LVwCourse.ListItems.Add(, , "7、8")
            items.SubItems(4) = "Artificial Intelligence"
  End Select
End Sub
```

③ 保存窗体，运行程序，结果如图 2-9-2 所示。

习题10 数据库控件

1. 回答下列问题。

（1）关系数据库是由什么构成的？

关系数据库是满足关系模型特性的若干个关系的集合。

在关系数据库中，将一个关系视为一张二维表，又称其为数据表，这个数据表包含数据及数据间的关系。

一个关系数据库由若干个数据表组成，数据表又由若干条记录组成，每一条记录又是由若干个字段属性加以分类的数据项组成的。

（2）解释数据库、表、记录和字段的概念。

① 数据库是以一定的组织方式将相关的数据组织在一起，存放在计算机外存储器上，并能为多个用户共享，与应用程序彼此独立的一组相关数据的集合。

② 一个关系对应一个数据表，由一组相关的数据记录组成，每一行都有一个记录号，用于标识记录。

③ 表中的每一行称为一条记录，它由若干个字段组成。

④ 表中的每一列称为一个字段，每个字段都有相同的属性。

（3）Data 控件的功能是什么？

Data 控件是一个数据连接对象，它能够将数据库中的数据信息通过应用程序中的程序绑定控件连接起来，从而实现对数据库的操作。

（4）什么是数据绑定控件？

数据绑定控件是一些能够和数据库中已有的表中的某个字段建立关联的控件。

（5）简述 ADO 和 DAO 的异同。

相同点：两者都可以进行与数据库相关的操作。

不同点：ADO 和 DAO 的最大区别是 ADO 使用 OLEDB 接口，依靠 OLEDB，ADO 也能够支持对非 SQL 数据存储的记录集访问，OLEDB 提供了比 ODBC 更多的灵活性和易用性。

2. 设计数据库，并设计每一个数据库中所具有的相关表结构。

（1）设计一个“阅读文摘”数据库。

（2）设计一个“个人消费信息”数据库。

（3）设计一个“友人通讯录”数据库。

答：略。

3. 编写程序。

（1）创建一个窗体，用于管理各院系的基本信息，程序运行结果如图 2-10-1 所示。

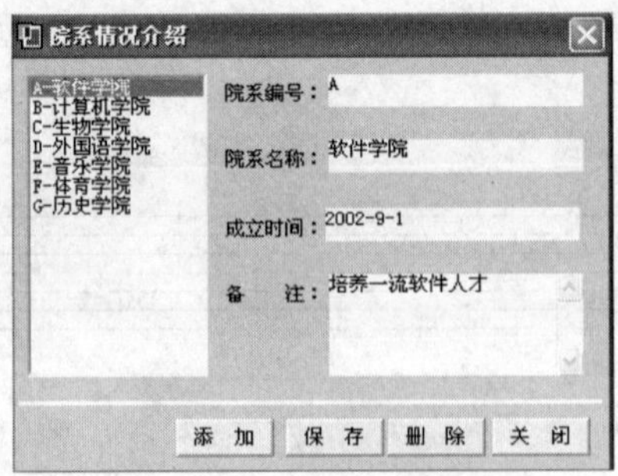

图 2-10-1　院系情况介绍

该系统所用的数据库为“学院”，该数据库中有一个表“学院”，“学院”表的结构如图 2-10-2 所示。

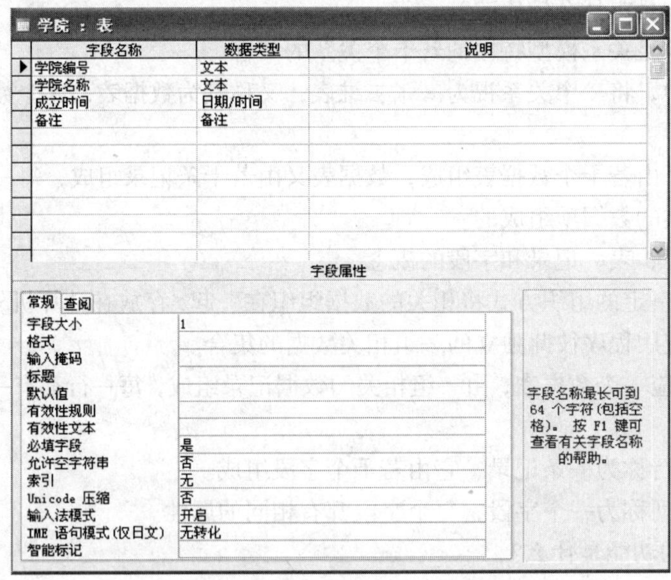

图 2-10-2　“学院”表的结构

操作步骤如下。

① 窗体及控件属性参照图 2-10-1 设计。

② 打开“代码设计”窗口，输入程序代码。

```
'以 DAO 方式访问数据库
'运行前请引用 microsoft Dao3.51 object library
```

CmdAdd_Click()事件代码如下：

```
Private Sub CmdAdd_Click()
   Dim i As Integer '将文本框清空
   For i = 0 To 3
      TxtCollege(i).Text = ""
   Next i
   TxtCollege(0).SetFocus
End Sub
```

CmdClose_Click()事件代码如下：

```
Private Sub CmdClose_Click()
```

```
    Unload Me
End Sub
```

CmdDel_Click()事件代码如下：

```
Private Sub CmdDel_Click()
    Dim DB As Database
    Dim Rs1 As Recordset
    Dim StrNum As String
    StrNum = TxtCollege(0).Text
    Set DB = OpenDatabase(App.Path & "\data\学院.mdb")
    Set Rs1 = DB.OpenRecordset("select * from 学院 where 学院编号='" & StrNum & "'")
    If MsgBox("您确定要删除学院编号为" & StrNum & "的学院吗？", vbYesNo + vbQuestion, "询
问") = vbYes Then
        If Not Rs1.EOF Then                              '删除学院记录
            Rs1.Delete
        End If
        Rs1.Close
        Set Rs1 = Nothing
        DB.Close
        Set DB = Nothing
    End If
    Call Form_Load
End Sub
```

CmdSave_Click()事件代码如下：

```
Private Sub CmdSave_Click()
    Dim DB As Database
    Dim RS As Recordset
    Set DB = OpenDatabase(App.Path & "\data\学院.mdb")
    Set RS = DB.OpenRecordset("学院")
    If TxtCollege(0).Text = "" Then                      '判断是否输入学院编号
        MsgBox "学院编号不能为空，请输入！！！", vbOKOnly + vbInformation, "提示"
        TxtCollege(0).SetFocus
        Exit Sub
    End If
    If TxtCollege(1).Text = "" Then '判断是否输入学院名称
        MsgBox "学院名称不能为空，请输入！！！", vbOKOnly + vbInformation, "提示"
        TxtCollege(1).SetFocus
        Exit Sub
    End If
    If IsDate(TxtCollege(2).Text) = False Then '判断输入的成立时间是否合法
        MsgBox "请输入合法的日期格式！！！", vbOKOnly + vbInformation, "提示"
      TxtCollege(2).SetFocus
      Exit Sub
    End If
    RS.AddNew   '添加记录到数据库中
    RS!学院编号 = Trim(TxtCollege(0).Text)
    RS!学院名称 = Trim(TxtCollege(1).Text)
    RS!成立时间 = Trim(TxtCollege(2).Text)
    RS!备注 = IIf(Trim(TxtCollege(3).Text) = "", "无", Trim(TxtCollege(2).Text))
    RS.Update
    RS.Close
```

```
    Set RS = Nothing
    DB.Close
    Set DB = Nothing
    Call Form_Load
End Sub
```

Form_Load()事件代码如下：

```
Private Sub Form_Load()
    Dim DB As Database
    Dim RS As Recordset
    Set DB = OpenDatabase(App.Path & "\data\学院.mdb")
    Set RS = DB.OpenRecordset("学院")
    LstResult.Clear
    Do While Not RS.EOF
        LstResult.AddItem RS!学院编号 & "-" & RS!学院名称
        TxtCollege(0).Text = RS!学院编号
        TxtCollege(1).Text = RS!学院名称
        TxtCollege(2).Text = RS!成立时间
        TxtCollege(3).Text = IIf(IsNull(RS!备注), "", RS!备注)
        RS.MoveNext
    Loop
    RS.Close
    Set RS = Nothing
    DB.Close
    Set DB = Nothing
End Sub
```

LstResult_Click()事件代码如下：

```
Private Sub LstResult_Click()
    Dim DB As Database
    Dim RS As Recordset
    Dim StrSql As String
    Dim StrNum As String '存放学院编号
    Set DB = OpenDatabase(App.Path & "\data\学院.mdb")
    StrNum = Left(LstResult.Text, 1)
    StrSql = "select * from 学院 where 学院编号='" & StrNum & "'"
    Set RS = DB.OpenRecordset(StrSql)
    If RS.EOF And RS.BOF Then
    Else
        TxtCollege(0).Text = RS!学院编号
        TxtCollege(1).Text = RS!学院名称
        TxtCollege(2).Text = RS!成立时间
        TxtCollege(3).Text = RS!备注
    End If
    RS.Close
    Set RS = Nothing
    DB.Close
    Set DB = Nothing
End Sub
```

③ 保存窗体，运行程序，结果如图 2-10-1 所示。

（2）创建一个窗体，将其与已有的测试题数据库连接，对学生综合能力信息进行测试，同时保留测试者的基本情况和测试成绩，程序运行结果如图 2-10-3 和图 2-10-4 所示。

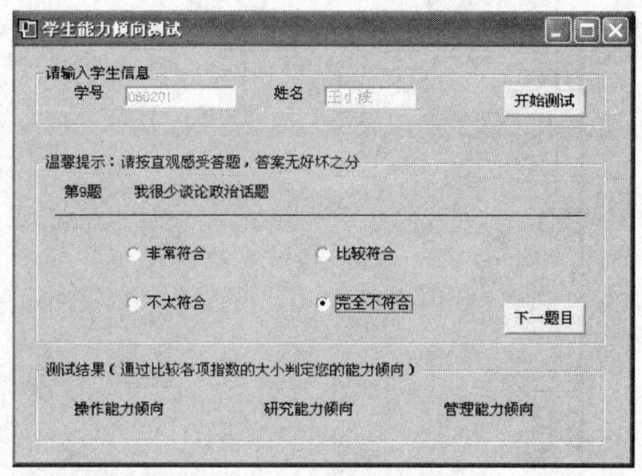

图 2-10-3 学生能力倾向测试

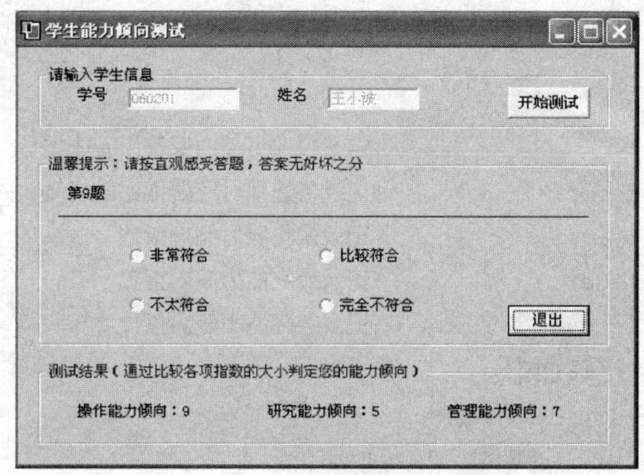

图 2-10-4 学生能力倾向测试结果

该系统所用的数据库为“能力倾向测试”，该数据库中有两个表“测试题”和“学生信息”，“测试题”和“学生信息”表的结构如图 2-10-5 和图 2-10-6 所示。

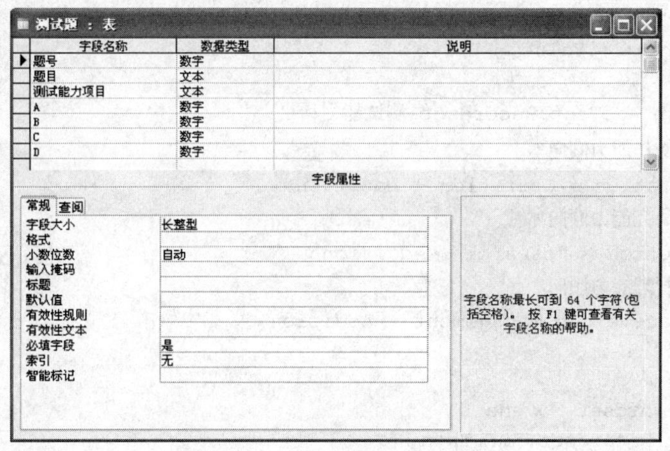

图 2-10-5 “测试题”表的结构

操作步骤如下。

① 窗体及控件属性参照图 2-10-3 设计。

② 打开“代码设计”窗口，输入程序代码。

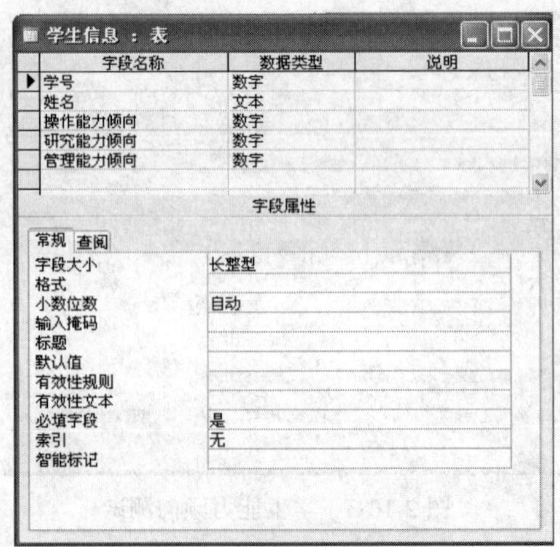

图 2-10-6 “学生信息”表的结构

定义窗体级变量代码如下：

```
Dim mBookMark                          '定义保存书签的变量为变体类型
Dim Addition As Integer                '记录各选项对应的指数增加值
Dim Operation As Integer               '记录操作能力倾向指数
Dim Research As Integer                '记录研究能力倾向指数
Dim Management As Integer              '记录管理能力倾向指数
```

CmdNext_Click()事件代码如下：

```
Private Sub CmdNext_Click()
   If CmdNext.Caption = "退出" Then End
   If Addition = -1 Then
      MsgBox "此题您尚未作答。", vbOKOnly + vbInformation
      Exit Sub
   End If
   '恢复单选按钮为未选状态
   For i = 0 To 3
      OptDegree(i).Value = False
   Next i
   Select Case AdoTest.Recordset!测试能力项目
      Case "操作能力倾向"
         Operation = Operation + Addition
      Case "研究能力倾向"
         Research = Research + Addition
      Case "管理能力倾向"
         Management = Management + Addition
   End Select
   Addition = -1
   AdoTest.Recordset.MoveNext
   If AdoTest.Recordset.EOF Then
      AdoTest.RecordSource = "学生信息"
      AdoTest.Refresh
      AdoTest.Recordset.Bookmark = mBookMark
      AdoTest.Recordset!操作能力倾向 = Operation
      AdoTest.Recordset!研究能力倾向 = Research
```

```
        AdoTest.Recordset!管理能力倾向 = Management
        AdoTest.Recordset.Update
        MsgBox "题目回答完毕。", vbOKOnly + vbInformation
        LblOperation.Caption = "操作能力倾向: " & Operation
        LblResearch.Caption = "研究能力倾向: " & Research
        LblManagement.Caption = "管理能力倾向: " & Management
        CmdNext.Caption = "退出"
        Exit Sub
    Else
        LblQNo.Caption = "第" & AdoTest.Recordset!题号 & "题"
    End If
End Sub
```

CmdStart_Click()事件代码如下：

```
Private Sub CmdStart_Click()
    On Error Resume Next
    Dim Name As String, Num As String
    AdoTest.RecordSource = "学生信息"
    AdoTest.Refresh
    AdoTest.Recordset.Find "学号='" & TxtNo.Text & "'"
If AdoTest.Recordset.EOF Or AdoTest.Recordset!姓名 <> TxtName.Text Then
        TxtNo.DataField = ""
        TxtName.DataField = ""
        TxtNo.Text = ""
        TxtName.Text = ""
        AdoTest.Recordset.MoveFirst      '防止输入错误后再输入无效
        MsgBox "您的信息未包含在学生库里，本次调查只面向校内同学。", vbOKOnly + vbCritical
    Else
        CmdNext.Enabled = True
        mBookMark = AdoTest.Recordset.Bookmark
        TxtNo.Enabled = False
        TxtName.Enabled = False
        AdoTest.RecordSource = "测试题"
        AdoTest.Refresh
        LblQuestion.DataField = "题目"
        LblQNo.Caption = "第" & AdoTest.Recordset!题号 & "题"
        Addition = -1
    End If
End Sub
```

Form_Load()事件代码如下：

```
Private Sub Form_Load()
    CmdNext.Enabled = False
End Sub
```

OptDegree_Click()过程代码如下：

```
Private Sub OptDegree_Click(Index As Integer)
    Select Case Index
        Case 0
            Addition = AdoTest.Recordset!A
        Case 1
            Addition = AdoTest.Recordset!B
        Case 2
```

```
            Addition = AdoTest.Recordset!C
        Case 3
            Addition = AdoTest.Recordset!D
    End Select
End Sub
```

③ 保存窗体，运行程序，结果如图 2-10-4 所示。

习题11 多媒体控件

1. 回答下列问题。

（1）多媒体控件的作用是什么？

在 Visual Basic 应用程序中，使用多媒体控件可使文字特效、图形文件浏览、音频和视频文件的播放等程序制作变得轻松、快捷，也便于程序的使用。

（2）多媒体控件的常用方法有哪些？

① Open：打开一个由 filename 属性指定的多媒体文件。

② Play：播放打开的多媒体文件。

③ Stop：停止正在播放的多媒体文件。

④ Pause：暂停正在播放的多媒体文件。

⑤ Back：后退指定数目的画面。

⑥ Step：前进指定数目的画面。

⑦ Prev：回到本磁道的起始点。

⑧ Close：关闭已打开的多媒体文件。

2. 编写程序。

（1）创建一个窗体，设计一个袖珍播放器。如图 2-11-1 所示。

操作步骤如下。

① 窗体及控件属性参照图 2-11-1 设计。

② 打开“代码设计”窗口，输入程序代码。

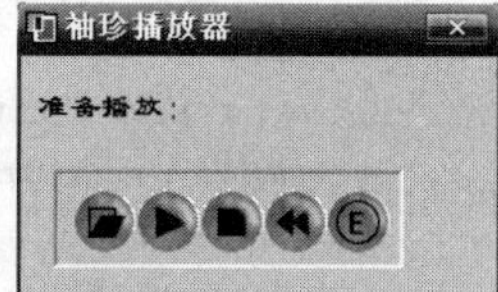

图 2-11-1　袖珍播放器

定义窗体级变量的代码如下：

```
Dim FileName As String
Dim ste As Integer                                    '控制标签移动
```

ImgExit_Click()事件代码如下：

```
Private Sub ImgExit_Click()
    Unload Me
End Sub
```

ImgOpen_Click()事件代码如下：

```
Private Sub ImgOpen_Click()
    Dlg1.Filter  =  "mp3|*.mp3|WAVE|*.wav|MIDI(mid)|*.mid|MIDI(rmi)|"  &  "*.rmi|AVI
(*.avi)|*.avi|MPEG(*.mpg)|*.mpg"
    Dlg1.ShowOpen
    DoEvents
    On Error Resume Next
    If Dlg1.FileName <> "" Then
```

```
        FileName = Dlg1.FileName
        MMC.FileName = FileName
        MMC.Command = "open"
        ImgPlay.Enabled = True
        ImgStop.Enabled = True
        ImgPrev.Enabled = True
    End If
End Sub
```

ImgPlay_Click()事件代码如下：

```
Private Sub ImgPlay_Click()
    Dim FS As New FileSystemObject
    FileName=FS.GetBaseName(FileName)&"."& FS.GetExtensionName(FileName)
    MMC.Command = "play"
    ImgStop.Enabled = True
    LblNote.Caption = "正在播放：" & FileName
    SldTool.Max = MMC.Length
    SldTool.Min = MMC.From
    SldTool.LargeChange = (SldTool.Max - SldTool.Min)
    SldTool.SmallChange = SldTool.LargeChange / 2
    SldTool.Enabled = True
    TmrPlay.Enabled = True
End Sub
```

ImgPrev_Click()事件代码如下：

```
Private Sub ImgPrev_Click()
    MMC.Command = "prev"
End Sub
```

cmdStop_Click()事件代码如下：

```
Private Sub cmdStop_Click()
    ImgStop.Enabled = False
    MMC.Command = "stop"
    TmrPlay.Enabled = False
End Sub
```

Form_Load()事件代码如下：

```
Private Sub Form_Load()
    ImgPlay.Enabled = False
    ImgStop.Enabled = False
    ImgPrev.Enabled = False
    MMC.Visible = False
    SldTool.Enabled = False
    TmrPlay.Enabled = False
    ste = -6
End Sub
```

TmrPlay_Timer()事件代码如下：

```
Private Sub TmrPlay_Timer()
    SldTool.Value = MMC.Position
    If LblNote.Left <= 0 Then
        ste = 6
    ElseIf LblNote.Left >= Me.Width - LblNote.Width Then
        ste = -6
    End If
    LblNote.Left = LblNote.Left + ste
End Sub
```

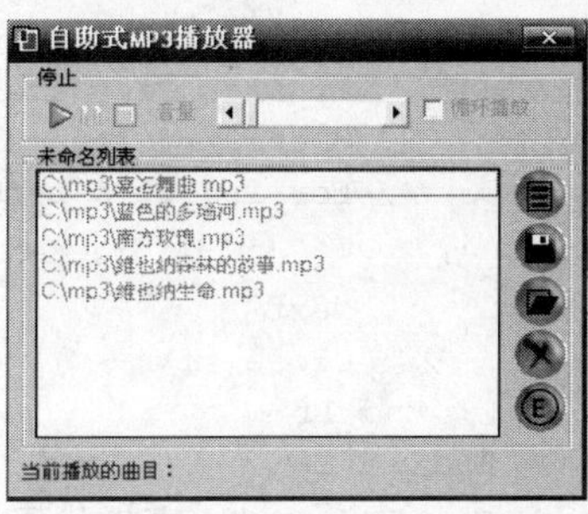

图 2-11-2　自助式 MP3 播放器

③ 保存窗体，运行程序，结果如图 2-11-1 所示。

（2）创建一个窗体，设计一个自助式 MP3 播放器。如图 2-11-2 所示。

操作步骤如下。

① 窗体及控件属性参照图 2-11-2 设计。

② 打开“代码设计”窗口，输入程序代码。

定义窗体级变量的代码如下：

```
Option Explicit
Dim loop1 As Boolean                              '是否循环播放
Dim play1 As Boolean                              '是否播放
Dim Playposition As Double                        '存放播放位置
Dim bPause As Boolean
```

ChkAgain_Click()事件代码如下：

```
Private Sub ChkAgain_Click()
    If ChkAgain.Value = 0 Then
        loop1 = False
    Else
        loop1 = True
    End If
End Sub
```

CmdLoad_Click()事件代码如下：

```
Private Sub CmdLoad_Click()
    Dim Strfilename As String                     '存放文件名(列表文件)
    Dim Music As String
    Dlg1.Filter = "列表文件(*.M3G)|*.M3G"
    Dlg1.ShowOpen
    On Error Resume Next
    If Dlg1.FileName <> "" Then
        Strfilename = Dlg1.FileName
        Open Strfilename For Input As #1
        Do While Not EOF(1)
            Line Input #1, Music
            If Music <> "" Then
                LstMp3.AddItem Music
                    '将文件中存放的音乐文件路径添加到 list 中
            End If
        Loop
        FraPlay.Caption = "播放列表" & Dlg1.FileName
        Close #1
    End If
End Sub
```

CmdSave_Click()事件代码如下：

```
Private Sub CmdSave_Click()
    Dim Strname As String
    Dim Strfilename As String
    Dim i As Integer
    If LstMp3.ListCount > 0 Then
        Dlg1.Filter = "列表文件(*.M3G)|*.M3G"
        Dlg1.ShowSave
```

```
            On Error Resume Next
            If Dlg1.FileName <> "" Then Strfilename = Dlg1.FileName
            Open Strfilename For Output As #1
            For i = 0 To LstMp3.ListCount - 1
                Print #1, LstMp3.List(i)    '将 list 中的内容写入文件中
            Next
            Close #1
        End If
    End Sub
```

CmdAdd_Click()事件代码如下：

```
    Private Sub CmdAdd_Click()
        Dlg1.Filter = "MP3 文件|*.mp3"
        Dlg1.ShowOpen
        On Error Resume Next
        If Dlg1.FileName <> "" Then
            LstMp3.AddItem Dlg1.FileName
        End If
    End Sub
```

CmdDelete_Click()事件代码如下：

```
    Private Sub CmdDelete_Click()
        If LstMp3.Text <> "" Then
            LstMp3.RemoveItem LstMp3.ListIndex
        End If
    End Sub
```

CmdQuit_Click()事件代码如下：

```
    Private Sub CmdQuit_Click()
        Unload Me
    End Sub
```

Form_Load()事件代码如下：

```
    Private Sub Form_Load()
        ImgPlay(1).Enabled = False
        ImgPlay(2).Enabled = False
    End Sub
```

FraTool_MouseMove()事件代码如下：

```
    Private Sub FraTool_MouseMove(Button As Integer, Shift As Integer, X As Single, Y As
Single)
        Dim i As Integer
        For i = 0 To 2
            ImgPlay(i).MousePointer = 0
        Next i
    End Sub
```

Private Sub HsbSound_Change()事件代码如下：

```
    Private Sub HsbSound_Change()
        MusicPlayer.Volume = -HsbSound.Value * 100
    End Sub
```

Private Sub ImgPlay_Click ()事件代码如下：

```
    Private Sub ImgPlay_Click(Index As Integer)
        Select Case Index
        Case 0
            If LstMp3.ListCount > 0 Then
                If LstMp3.Text <> MusicPlayer.FileName Then
```

```
            MusicPlayer.FileName = LstMp3.Text
          End If
          If LstMp3.Text = "" Then
          LstMp3.ListIndex = 0
            MusicPlayer.FileName = LstMp3.Text
          End If
          MusicPlayer.SelectionStart = Playposition
          MusicPlayer.Play
          LblRoll.Caption = "当前播放的曲目: " & MusicPlayer.FileName
          TmrPlay.Enabled = True
      Else
         MsgBox "没有可以播放的歌曲,请先添加曲目!!!", vbOKOnly, "提示"
          Exit Sub
      End If
      ImgPlay(0).Picture = LoadPicture(App.Path & "\pic\play1.gif")
      ImgPlay(1).Picture = LoadPicture(App.Path & "\pic\pause.gif")
      ImgPlay(2).Picture = LoadPicture(App.Path & "\pic\stop.gif")
      FraTool.Caption = "播放"
      ImgPlay(0).Enabled = False
      ImgPlay(1).Enabled = True
      ImgPlay(2).Enabled = True
   Case 1
       ImgPlay(0).Picture = LoadPicture(App.Path & "\pic\play.gif")
       ImgPlay(1).Picture=LoadPicture(App.Path & "\pic\pause1.gif")
       ImgPlay(2).Picture = LoadPicture(App.Path & "\pic\stop.gif")
       MusicPlayer.Pause
       Playposition = MusicPlayer.CurrentPosition           '当前的播放位置
       FraTool.Caption = "暂停"
       TmrPlay.Enabled = False
       ImgPlay(0).Enabled = True
       ImgPlay(1).Enabled = False
       ImgPlay(2).Enabled = True
   Case 2
       ImgPlay(0).Picture = LoadPicture(App.Path & "\pic\play.gif")
       ImgPlay(1).Picture=LoadPicture(App.Path & "\pic\pause.gif")
       ImgPlay(2).Picture=LoadPicture(App.Path & "\pic\stop1.gif")
       play1 = False
       MusicPlayer.Stop
       Playposition = 0
       TmrPlay.Enabled = False
       LblRoll.Left = Me.Width / 3
       FraTool.Caption = "停止"
       ImgPlay(0).Enabled = True
       ImgPlay(1).Enabled = False
       ImgPlay(2).Enabled = False
   End Select
End Sub
```

ImgPlay_MouseMove()事件代码如下：

```
Private Sub ImgPlay_MouseMove(Index As Integer, Button As Integer, Shift As Integer,
X As Single, Y As Single)
    ImgPlay(Index).MousePointer = 99
    ImgPlay(Index).MouseIcon=LoadPicture(App.Path & "\pic\hand.cur")
End Sub
```

LstMp3_DblClick()事件代码如下：

```
Private Sub LstMp3_DblClick()
    bPause = False
    ImgPlay_Click (0)
End Sub
```

MusicPlayer_PlayStateChange()过程代码如下：

```
Private Sub MusicPlayer_PlayStateChange(ByVal OldState As Long, ByVal NewState As Long)
    If MusicPlayer.PlayState = 0 Then
        If play1 Then
            If loop1 Then           '循环播放
                If LstMp3.ListIndex < LstMp3.ListCount - 1 Then
                    LstMp3.ListIndex = LstMp3.ListIndex + 1
                     LstMp3.Refresh
                    MusicPlayer.FileName= LstMp3.List(LstMp3.ListIndex)
                     MusicPlayer.AutoStart = True
                Else
                     LstMp3.ListIndex = 0
                     MusicPlayer.FileName=LstMp3.List(LstMp3.ListIndex)
                     MusicPlayer.AutoStart = True
                End If
            Else
                MusicPlayer.FileName = LstMp3.Text
                MusicPlayer.AutoStart = True
            End If
        End If
    End If
End Sub
```

TmrPlay_Timer()事件代码如下：

```
Private Sub TmrPlay_Timer()
    If LblRoll.Left > -LblRoll.Width Then
        LblRoll.Left = LblRoll.Left - 10
    Else
        LblRoll.Left = Me.Width
    End If
End Sub
```

③ 保存窗体，运行程序，结果如图 2-11-2 所示。